BOMBER

WELTWEIT

Heiko Thiesler

Motor
buch
Verlag

Einbandgestaltung: Frank Zähringer

Bildnachweis: Sofern nicht anders vermerkt stammen die Bilder vom Autor bzw. aus dessen Archiv.

ISBN 978-3-613-04097-7

1. Auflage 2018

Sie finden uns im Internet unter www.motorbuch-verlag.de

Lektorat: Alexander Burden
Innengestaltung: WS – WerbeService Linke, 76185 Karlsruhe
Druck und Bindung: Graspo CZ, 76302 Zlin
Printed in Czech Republic

Inhalt

Vorwort und Dank

Bombenflugzeuge sind seit gut 100 Jahren Bestandteil der Luftfahrt. Ihre Entwicklung verlief in einem rasanten Tempo und generierte weltweit immer größere, schwerere und vor allem leistungsfähigere Typen. Ihre Bombenlast stieg stetig an, ihre Ausrüstung und nicht zuletzt ihre Kampfkraft wurden immer effektiver. Damit erhöhte sich auch ihre psychologische Wirkung auf den Gegner und nicht zuletzt auf die Zivilbevölkerung, ein Fakt, der nur allzu verständlich bis in die Gegenwart anhält. Kolbenmotorgetriebene Bomber hatten ihren Höhepunkt im Zweiten Weltkrieg erreicht und ihre Zerstörungskraft in erschreckender Weise demonstriert. Bombenflugzeuge waren es auch, welche als erste Atomwaffen zum Einsatz brachten und aufzeigten, wozu man entsprechende Trägerflugzeuge benutzen kann. Mit dem aufkommenden Kalten Krieg kam die Entwicklung nochmals in Fahrt und bezog neue Bauweisen, Materialien, Ortungs- und Zielgeräte, Antriebe und Waffen ein. Strahlgetriebene Bomber wurden für taktische und strategische Einsatzzwecke konzipiert und übertrafen die Parameter ihrer Vorgänger mit Kolbenmotorantrieb nochmal um ein Vielfaches. Schließlich waren sie aufgrund ihrer Ausstattung, Geschwindigkeit und Bewaffnung nicht mehr von Begleitschutz bietenden Jägern abhängig und konnten im Bedarfsfall ihre Waffen außerhalb des gegnerischen Luftraums abwerfen. Eine große Zuladung in Form von Kraftstoff und die überragende Fähigkeit zur Betankung in der Luft verschaffte strategischen Bombern eine extrem lange, interkontinentale Reichweite und eine Flugdauer, die mehr als 20 Stunden betragen konnte. Eine umfangreiche elektronische Ausstattung und Marschflugkörper boten den modernen Bombenflugzeugen große Vorteile, die letztlich nur noch von der praktischen Umsetzung der Stealth-Technologie ab den 1980er-Jahren übertroffen wurde. Diese bis heute geheimnisumwitterten, auch als Tarnkappenbomber bekannten Maschinen werden möglicherweise bald von unbemannten Drohnen überflügelt, die über all die brauchbaren Komponenten der jüngeren Vergangenheit verfügen und ohne den Menschen als für den Bombeneinsatz trainierte Crew auskommen. Allerdings dachte man schon einmal Ende der 1950er-Anfang der 1960er-Jahre, dass die Fortschritte in der Raketentechnik bemannte Bombenflugzeuge überflüssig machen würden. Doch inzwischen sind einige Dinosaurier des Bomberbaus wie B-52 und Tu-95 mehr als 60 Jahre im Einsatz und sollen mit entsprechenden Modernisierungen für weitere Jahrzehnte im regulären Dienst bleiben.

Für die stets willkommene Unterstützung durch hilfreiche Unternehmen und Institutionen und nicht zuletzt erstklassige Fotografen möchte sich der Autor vor allem bei der Emil Buehler Library im National Museum of Naval Aviation Pensacola sowie bei Alex Beltyukov, Detlef Billig, Alexander Golz, Detlev Grass, Uwe W. Jack, Uli Jeschke, Chris Lofting, Volker Probst, Rob Schleiffert, Stefan Vogt, Matthias Wagner, des Weiteren bei Manfred Meyer für seine erstklassigen Zeichnungen und Dreiseitenrisse, bei meiner Familie und bei Freunden bedanken. Für Inspiration und Motivation bedanke ich mich außerdem bei Herrn Alexander Burden vom Motorbuch-Verlag.

Heiko Thiesler

Nordhausen im Herbst 2018

Zumindest bis zur zweiten Dekade des 21. Jahrhunderts stellt die Northrop B-2 den Höhepunkt im Bomberbau dar. Von einer zweiköpfigen Crew gesteuert, verfügt sie über Tarnkappenfähigkeiten, eine enorme Reichweite und kann eine Waffenlast von mehr als 18.000 kg zum Einsatz bringen. (Foto: USAF)

Einleitung

Seit Generationen ist der Begriff Bomber selbst Kindern ein bekanntes Schlagwort. Und schon Kinder wissen, dass Bomber oder Bombenflugzeuge Lasten mit großer zerstörerischer Wirkung abwerfen. Bereits zu Anfang des 20. Jahrhunderts, nachweislich im italienisch-türkischen Krieg 1911/12, wurden Bomben auf den Gegner abgeworfen. Die wurden anfangs per Hand über Bord befördert oder mit den Füßen ausgeklinkt. Im Ersten Weltkrieg wurde der Abwurf von Waffen inklusive Stahlpfeilen, Brandkanistern und Bomben weiter ausgelotet und dabei zugleich die Verwundbarkeit dieser Flugzeuge über dem Gefechtsfeld festgestellt. Leistungssteigerungen insbesondere in den Bereichen Flughöhe und Geschwindigkeit waren notwendig und machten stärkere Motoren, zudem Zielgeräte und spezielle Auslösevorrichtungen, zum Teil auch mehrköpfige Besatzungen bei den größeren Flugzeugen erforderlich. Bis zum Ende des Ersten Weltkrieges hatten mehrere Länder Bombenflugzeuge im Bestand ihrer Fliegerkräfte, wo sie bereits rund 15% des Gesamtinventars ausmachten. Mehrmotorige große Bomber hatten sich als besonders wirkungsvoll erwiesen, außerdem existierten inzwischen Bomben bis zu einem Gesamtgewicht von 1000 kg. In den folgenden Jahrzehnten forcierten die Industrienationen den Bau von Bombenflugzeugen, wobei unterschiedliche Gattungen entwickelt wurden. Einmotorige Typen wurden zu Torpedo- und Sturzkampfbombern, später Schlachtflugzeugen und Front- sowie Jagdbombern. Es gab mittlere Bomber mit zwei oder mehr Motoren und schließlich welche für den Langstreckeneinsatz mit zwei, vier oder noch mehr Triebwerken. Deren Waffenlast stieg bis zum Ende des II. Weltkrieges auf gut 9000 kg an, die Flugweite konnte über 5000 km betragen. Die Besatzungsstärke von Langstreckenbombern ging häufig in den zweistelligen Bereich, zahlreiche feste und auf Drehtürmen installierte MG und Kanonen dienten als Abwehrbewaffnung. Seinerzeit zählten die britischen Typen Avro Lancaster oder Handley Page Halifax sowie die amerikanischen Consolidated B-24 Liberator und Boeings fliegende Festungen B-17 und B-29 zu den größten und leistungsfähigsten Bombern. Sie waren bekannt für ihre gewaltige Zerstörungskraft und zahlreichen Bombardements in Europa und Asien, nicht zuletzt auch durch die beiden Atombombenabwürfe über Japan im August 1945. Inzwischen war es den Bombern dank ihrer Avionikausstattung möglich, Einsätze auch bei einer geschlossenen Wolkendecke oder nachts durchzuführen, außerdem kamen seitens Deutschland und den USA erste Lenkbomben zur Anwendung. Der in der Ein-

Mit dem Ende des II. Weltkrieges war die Boeing B-29 Superfortress der modernste Langstreckenbomber weltweit, nachfolgende Konstruktionen basierten auf zahlreichen Elementen des viermotorigen Flugzeugs. (Foto: USAF)

führung befindliche Jetantrieb erlaubte den Bau von weiteren Giganten mit noch größeren Leistungen bis hin zu überschallfähigen Typen. Der Kalte Krieg förderte praktisch die Entwicklung von immer größeren, schwereren und weiter fliegenden Bombern vor allem für Langstreckeneinsätze, die im Laufe der Zeit mit immer moderneren Systemen und Waffen ausgerüstet wurden. Frankreich, Großbritannien, die Sowjetunion und die USA leisteten sich strategische Bomberflotten, die immense Summen an Geld und Arbeitsaufwand kosteten. Die mit Atomwaffen bestückten Bomber waren in ständiger Alarmbereitschaft. Während sich einige davon in der Luft befanden, standen weitere Maschinen am Boden mit laufenden Triebwerken für einen bevorstehenden Einsatz bereit. Allein das Strategic Air Command der US Air Force hatte Ende der 1950er-Jahre ein Drittel seiner Bomber, das waren seinerzeit mehr als 400, am Boden in Alarmbereitschaft versetzt. Dutzende weitere patrouillierten weltweit und wurden für eine längere Flugdauer durchschnittlich alle sechs Minuten durch Betankungsflugzeuge mit Kraftstoff versorgt. Für den Langstreckeneinsatz mit Atomwaffen gab es zur selben Zeit in Großbritannien mit Valiant, Victor und Vulcan drei ähnlich geartete Bombertypen als sogenannte V-Force. Der heutzutage nicht mehr bezahlbaren V-Force unterstanden zeitweilig mehr als 140 einsatzbereite Bomber, denen man ab 1962 eine schnelle Alarmbereitschaft auferlegte. Innerhalb von 12 Stunden mussten 80% der Bomber bereit sein, Angriffe zu fliegen und mindestens ein Flugzeug pro Staffel musste 15 Minuten nach Auslösung des Alarms starten können. Die Royal Air Force arbeitete ständig an einer Verkürzung der Reaktionszeit, ferner wurden neben den Hauptbasen 26 Ausweichflugplätze für einen Einsatz der Bomber sowie dazugehöriger Einheiten präpariert. Mit diesem Auflockerungskonzept sollte vor allem die Sicherheit der Flugzeuge im Ernstfall gewährleistet sein und eine höhere Flexibilität im Flugbetrieb erreicht werden. Auch in der Sowjetunion standen die Langstreckenbomber in Alarmbereitschaft, die Besatzungen lebten für einen schnellst möglichen Start praktisch direkt an der Startbahn. Mit der breiten Einführung der Tupolew Tu-4 als Kopie der B-29 Superfortress bei den sowjetischen Fernfliegerkräften sowie dem Auftauchen neuer strahlgetriebener Langstreckenbomber wie der M-4 und Tu-16 vermutete der Westen in den 1950er-Jahren eine »Bomberlücke«, die es auszugleichen galt. Letztlich war die Anzahl sowjetischer Bomber, welche die Vereinigten Staaten erreichen konnten, erheblich überschätzt worden. Die US Air Force profitierte davon und besaß Ende der 1950er-Jahre mit beinah 2000 Flugzeugen die gewaltigste Flotte an Langstreckenbombern überhaupt. Neben der am meisten vorhandenen B-47 befand sich mittlerweile auch die bis heute weithin bekannte B-52 in der Einführung beim Strategic Air Command, das damit einen weiteren und vor allem noch leistungsfähigeren Riesenbomber erhielt. Einher ging damit auch ein gewaltiger logistischer Auf-

Vor allem mit der Einführung der Boeing B-47 Stratojet erreichte das Strategic Air Command der US Air Force in den 1950er-Jahren seine größte Stärke, rund um die Uhr waren diese Bomber im Einsatz. (Foto: USAF)

Spätestens mit dem Auftauchen der Mjassistschew M-4 vermutete man im Westen eine »Lücke« an strategischen Bombenflugzeugen, doch wurden von dem Flugzeug weit weniger gebaut als vermutet und später hauptsächlich als Tanker eingesetzt.

Mit der Vickers Valiant stellte die Royal Air Foce ihren ersten V-Bomber in Dienst. (Foto: RAF Museum Hendon)

Die Stratofortress, hier in der Version B-52F, nutzte serienmäßig als erster US-Langstreckenbomber ab 1959 unter den Tragflächen angebrachte Marschflugkörper vom Typ AGM-28 »Hound Dog«. (Foto: USAF)

wand mit zahlreichen Umbauten, denn der neue Bomber benötigte mehr Platz auf Startbahnen, Rollwegen, Standplätzen, Hangars oder Wartungsbereichen.

Ab den 1960er-Jahren folgten die ersten Überschallbomber in das Einsatzinventar Frankreichs, der Sowjetunion und der USA. Deren Kosten und Logistikaufwand fielen größer aus, ihr Handling war für die Besatzungen und das Bodenpersonal anspruchsvoller und nicht immer fiel ihr Einsatzwert besser als der im Unterschallbereich operierenden Maschinen aus. Doch schritt auch hier die Entwicklung weiter und führte schließlich zu den bis heute größten und leistungsfähigen Bombern, wie sie von der Tu-160 und B-1B bestens verkörpert werden. Die enormen Kosten dieser Riesen wurden bis heute lediglich von der mit Stealth-Eigenschaften versehenen B-2 übertroffen, was zum Schluss mit ausschlaggebend für eine geringe Stückzahl von nur 21 Exemplaren war. Zum anderen war die B-2 noch ein Kind des Kalten Krieges und mit dessen Beendigung zu Anfang der 1990er-Jahre verringerte sich das Bedrohungspotenzial für den Westen und die NATO erheblich. Die gewaltigen Bomberflotten aus den 1950er und 1960er-Jahren waren neben einer Verlagerung von Atomwaffen auf ballistische Raketen auch als Teil von Abrüstungsverhandlungen verringert worden. Zumindest zeitweise wurden ab den 1990er-Jahren Atomwaffen und deren Trägermittel einschließlich strategischen Bombern nochmals Obergrenzen gesetzt, sodass sich die Zahl der Einsatzflugzeuge bis heute beinah halbierte. Doch das Auslaufen unterzeichneter Verträge und das zögerliche Verhandeln über weitere Abrüstungsschritte, lassen diese Obergrenzen aufweichen und möglicherweise auch im Bomberbau ein neues Wettrüsten entstehen. Schon heute sind Nachfolgemodelle für die derzeit im Dienst befindlichen Langstreckenbomber als Northrop Grumman B-3 (B-21) oder Tupolew PAK-DA in Planung, und tatsächlich sollen diese noch bemannt zum Einsatz kommen.

Auf den großen Bomberbasen wie hier in Dyess, Texas kann die gesamte Versorgung der B-1-Maschinen mit Kraftstoff, Hydraulikflüssigkeiten oder Sauerstoff aus unterirdischen Depots erfolgen. (Foto: Alexander Golz)

Ein typischer Vertreter eines taktischen Bombers war die Canberra B.2, die auch international ein Erfolg und bis ins 21. Jahrhundert geflogen wurde. (Foto: BAE Systems)

Im Osten sowie einigen Entwicklungsländern war die Il-28 als taktischer Bomber recht populär und wurde zu Tausenden hergestellt. (Foto: Heiko Thiesler)

Konzepte

Grundsätzlich definiert man Bombenflugzeuge als ein- oder mehrsitzige Flugzeuge zum Bekämpfen von Erd- und Seezielen im Raum der Kampfhandlungen oder im Hinterland des Gegners und dabei einzeln oder in Verbänden angreifend. Die Zeit großer Bomberschwärme ist allerdings vorbei, gleichfalls ein umfangreicher Schutz durch Begleitjagdflugzeuge.

Front- oder auch leichte taktische Bomber bis maximal 40.000 kg Startmasse gibt es heutzutage kaum noch. Während des II. Weltkrieges wurden zahlreiche erfolgreiche taktische Bomber in großen Stückzahlen hergestellt, stellvertretend seien hier mal die britische Bristol Blenheim, die deutschen Heinkel He 111 und Junkers Ju 88, die japanische Mitsubishi G4M, die sowjetische Tupolew Tu-2 oder die Douglas A-20 Havoc, und North American B-25 Mitchell aus den USA genannt. Manche von diesen flogen auch noch nach dem Ende des II. Weltkriegs, wurden aber bald der Reserve überstellt. Die von zwei Kolbenmotoren angetriebene Douglas B-26 / A-26 Invader kam dagegen von Beginn bis Ende des Koreakrieges 1950-53 und sogar noch bis 1969 im Südostasienkonflikt über Vietnam zum Kampfeinsatz. Währenddessen verlief die Entwicklung strahlgetriebener Typen für taktische Einsätze in den USA zunächst weniger erfolgreich. Die B-45 Tornado konnte als Bomber nicht überzeugen, sodass die US Air Force auf die britische Canberra zurück griff und praktisch das Gesamtkonzept dieses Flugzeugs zur B-57 »amerikanisierte«. Die für die US Navy und ihre Trägerschiffe gedachte A-3 Skywarrior überraschte hingegen von Anfang an mit ihren Parametern und auch hier dachte die Air Force an eine eigene Baureihe. Letztlich fielen die zeitraubenden Änderungen größer aus als eigentlich geplant war, die nun B-66 Destroyer genannte Ausführung gelangte später in den Truppendienst und wurde hauptsächlich als Aufklärer hergestellt. Die taktischen Bomber wurden schon ab den 1950er-Jahren oft von Jagdbombenflugzeugen in ihren Aufgaben verdrängt, da deren Leistungsfähigkeiten enorm anwuchsen und mittlerweile eine mindestens vergleichbare Bombenlast ins Ziel bringen können. Bei manchen Typen wie den Su-24 oder F-111 verschwimmen die Aufgabenbereiche und die Parameter der Flugzeuge, sodass hier eine klare Abgrenzung nicht möglich ist. Durch den möglichen Einsatz von Luftkampflenkraketen werden sie meistens zu den Jagdbombern gezählt, andererseits entstand mit der FB-111 eine reine Bombervariante. Auch die bordgestützten Bomber der US-Flugzeugträgerflotte sind seit langem durch Mehrzweckkampfflugzeuge ersetzt worden, die wesentlich agiler und kostengünstiger Aufträge, selbst als Atombomber, erfüllen können.

Die nächst größere Klasse nach den taktischen Bombern sind die mittleren Bomber, von denen es vor allem während des Kalten Krieges verschiedene Einsatzmuster in den regulären Dienst schafften und dort durchaus für Langstreckenflüge in Frage kamen. Hierzu gehören auch mehrere überschallfähige Typen wie die B-58 oder Tu-22 und nicht zuletzt der von der NATO »Backfire« genannte Schwenkflügler Tu-22M. Der Bomber steht bis heute im Dienst der russischen Luftwaffe und besitzt praktisch weltweit kein Äquivalent.

Schwere Bomber bringen beim Start 100.000 kg oder mehr auf die Waage und bedienen strategische Reichweiten über 5000 km. Gerade bei diesen Flugzeugen wurde im Laufe der Jahre die Defensivbewaffnung immer weiter verringert, aber durch elektronische Abwehr- und Störsysteme, die Mitführung von Marschflugkörpern und Lenkbomben sowie die Möglich-

Die USAF stellte 1960 mit der B-58A den ersten Mach 2 schnellen Bomber in Dienst, in einem Unterrumpfbehälter konnte er Kraftstoff und eine nukleare Freifallbombe aufnehmen. (Foto: USAF)

keit mit hoher Geschwindigkeit Tiefflugeinsätze zu absolvieren kompensiert. Während man im Tiefflug versucht, das gegnerische Radar zu unterfliegen, setzt man natürlich die Flugzeugzelle erheblichen Belastungen aus. Auch hier gab es in den letzten Jahrzehnten Änderungen bis hin zur Verwendung von widerstandsfähigen, aber zugleich leichteren Verbundwerkstoffen. Die heutigen Bomberriesen verfügen meist über vier Strahltriebwerke mit Nachbrenner als Antrieb, ein bisschen aus der Rolle fällt wohl die Tupolew Tu-95 mit ihren vier äußerst leistungsstarken Propellerturbinen. Seit den 1950er-Jahren erfüllt diese Maschine wichtige strategische Aufgaben, in den letzten Jahrzehnten wurden Marschflugkörper zur Hauptbewaffnung. Die russische Luftwaffe plant den Einsatz der Tu-95 für weitere Jahre, natürlich wie weltweit üblich mit zeitgemäßen Aufwertungen. Hiervon profitiert auch die achtstrahlige B-52 Stratofortress als ein weiterer Veteran des Bomberbaus mit einer vergleichbaren Einsatzzeit. Neue Sensoren, Waffen und nun auch Triebwerke zählen zu den wichtigsten Modernisierungen der B-52, um einen weiteren Einsatz zu gewährleisten. Dabei hat sie inzwischen manches Design überlebt, das ursprünglich zur Ablösung gedacht war. Grundsätzlich war schon mehrmals das Ende strategischer Bomber voraus gesagt worden, besonders mit der Entwicklung immer leistungsfähigerer, Atomsprengköpfe tragender Raketen oder mit der Beendigung des Kalten Krieges zu Anfang der 1990er-Jahre. Doch auch in der Zeit danach gab es Konflikte und Spannungen, oft kam es zu Änderungen der militärischen Einsatzdoktrin. Die amerikanischen Langstreckenbomber sind seitdem dafür bekannt, mit entsprechenden Anpassungen eine immer größere Typenvielfalt an Präzisionswaffen, seien es Bomben

In NATO-Kreisen sah man die unter dem Codenamen Backfire bekannte Tu-22M2 zeitweilig als große Bedrohung an und schrieb ihr eine viel größere als die tatsächliche Reichweite zu. Im Hintergrund erkennt man eine F-14 Tomcat. (Foto: US DoD)

oder Raketen, einzusetzen. Auch die russischen Bomber würden nur noch in seltenen Fällen mit einer großen Anzahl an Freifallbomben starten und Flächenbombardements durchführen. Hier erfolgte eine hauptsächliche Ausrichtung auf Abstandswaffen mit unterschiedlich großen Marschflugkörpern. Gerade da zeigt sich ein Vorteil der heutigen Langstreckenbomber, aus großer Entfernung Ziele anzugreifen. Abgesehen von Raketen, erreichen diese Flugzeuge noch immer schneller als Marschflugkörper tragende Schiffe oder zu verlegende Bodentruppen mit diesen Waffen jeden Punkt der Erde und können den Beschuss des Gegners aufnehmen. Dazu kommt, das vor allem die Vereinigten Staaten noch immer über ein weltweites Stützpunktsystem bzw. zahlreiche Ausweichflugplätze verfügen und damit schneller an einem möglichen Konfliktherd sind. Auch Russland unternimmt sporadisch Abstecher mit ausgewählten Bombern nach Afrika, Lateinamerika oder Asien, um einerseits Stärke zu demonstrieren und andererseits Möglichkeiten auszuloten.

Wirkliche Interkontinentalbomber wie B-52 oder Tu-95 bzw. B-1 und Tu-160 leisten sich heute nur noch die USA und Russland. Allerdings besitzt China bereits seit vielen Jahren mit der H-6 als Lizenzbau und Weiterentwicklung der sowjetischen Tu-16 ebenfalls ein Langstreckenmuster. Die H-6 wurde stetig fortentwickelt und ebenso wie andere Flugzeuge mit neuen Systemen, stärkeren Triebwerken und Marschflugkörpern aufgewertet. Zudem arbeiten chinesische Ingenieure an noch leistungsfähigeren, weiter fliegenden Bombern und möglicherweise kommt hier sogar ein Stealth-Konzept zur Anwendung.

Der strategische Bomber Tu-95MS verkörpert mit Pfeilflügeltragwerk und Turbopropantrieb bis heute eine einzigartige Konzeption. Anfangs im Westen belächelt, steht das leistungsstarke und effiziente Flugzeug seit über 60 Jahren im Dienst. (Foto: Juri Kiseljow)

Die riesige North American XB-70 Valkyrie war ein äußerst innovativer Entwurf mit zahlreichen technologischen Neuheiten und sechs Strahltriebwerken, die während der Flugerprobung zu mehr als dreifacher Schallgeschwindigkeit verhalfen. Doch schon vor dem Erstflug im September 1964 war eigentlich klar, dass sie weder als Bomber noch als Aufklärer in Dienst gehen und es beim Versuchsflugzeug bleiben würde. (Foto: NASA Dryden)

Bereits Ende der 1940er-Jahre testete Northrop Nurflügelbomber wie diese strahlgetriebene YB-49. Es mussten mehr als 40 weitere Jahre vergehen, bis dieses Konstruktionsschema serienmäßig an einem Bomber, der B-2 Spirit, Anwendung fand. (Foto: USAF)

Avionik

Über Jahrzehnte war der Haupteinsatzzweck eines Bombenflugzeugs Bomben im freien Fall auf ein vorbestimmtes Ziel zu werfen. Dabei gab es unterschiedliche Ansichten, ob das Ziel punktuell oder durch Flächenbombardements besser bekämpft werden konnte. In beiden Fällen war das Zielen, das Berechnen verschiedener Einflüsse und bei Bedarf ein mögliches Ausgleichen erschwerter Umstände erforderlich. So mussten die Bombenschützen z.B. die Abhängigkeiten von der Geschwindigkeit des Bombers, die Windrichtungen oder auch die ballistischen Eigenschaften der abzuwerfenden Bomben einbeziehen. Optische Zielgeräte mit Visier oder Zielfernrohr wurden gebaut und weiterentwickelt, um eine möglichst hohe Trefferquote im horizontalen Flug und aus großer Höhe zu erzielen. Fortschritte brachten kreiselstabilisierte Zielgeräte, welche unruhige Flugbewegungen des Bombers ausgleichen konnten. Noch effektiver waren schließlich Radargeräte. Bisweilen auch als Funkmessgerät bezeichnet, kann das Radar (Radio Detection and Ranging) elektromagnetische Wellen aussenden und wenn sie von Objekten reflektiert werden, wieder auswerten. Wichtige Informationen wie Abstand oder Größe des erfassten Objektes lassen sich somit bestimmen. Anfangs wurden diese Informationen auf simplen Bildschirmen angezeigt, deren Auflösung im Laufe der Zeit immer weiter verbessert werden konnte und heute in bester Qualität Bestandteil sogenannter Glascockpits mit farbigen LCD-Bildschirmen ist. Gleichfalls stieg die Leistungsfähigkeit der Radargeräte an, ihre Reichweite, ihre Auflösung oder die Widerstandsfähigkeit gegenüber Störmaßnahmen. Heutzutage können sie kleinste oder auch sich bewegende Objekte ausmachen und identifizieren. Neue Geräte nutzen elektronische Phasenschieber, die bei AESA-Geräten alle einzeln gesteuert werden. Sie benötigen grundsätzlich weniger Platz als herkömmliche Radarantennen, sind weniger störanfällig und wartungsaufwendig und sie können mehrere Ziele zugleich erfassen. Neben dem Suchen und Erkennen von Zielen nutzen auch Bombenflugzeuge das Radar zur Wettererkennung. Häufig sind es unabhängig voneinander arbeitende, manchmal auch gekoppelte Geräte. Unterstützt werden heutige Bomberradare oftmals von verschiedenen Sensoren, die auf Restlicht-, Infrarot- oder Laserbasis arbeiten und auch von GPS-Geräten ergänzt werden können. Bei manchen Typen sind derartige Sensoren feste Bestandteile der Bordavionik, andere lassen sich als externe Sensorbehälter mitführen. In dieser Form ist inzwischen die amerikanische B-1B mit dem »Sniper«-Zielbehälter gut bekannt. Der »Sniper« kann mit Infrarot- und Lasersensoren Bilder über das abzufliegende Gelände sowie darauf befindlicher Ziele ins Cockpit liefern, aber auch die Zielerfassung für abzuwerfende Lenkwaffen übernehmen. Gerade Präzisionslenkwaffen spielen eine immer größere Rolle bei den aktuell im Dienst stehenden Bombenflugzeugen und werden weiterhin Bestandteil von Anpassungen sein.

Insgesamt fällt die Avionik bei Bombenflugzeugen recht üppig aus, auch weil dafür genug Platz vorhanden ist. So wird die Navigations- und Angriffsavionik durch weitere Systeme ergänzt, die unter anderem für die elektronische Kampfführung genutzt werden. Hierzu zählen verschiedene Störsysteme, welche dem Gegner z.B. Falschinformationen liefern oder deren aufgefangene Informationen überlasten oder mit

Heutzutage ist die Ausstattung von Bombenflugzeugen mit verschiedenen, hochsensiblen Systemen zur Zielfindung- und Bekämpfung allgegenwärtig, wie diese B-52H mit ihren Sensorkuppeln am Bug aufzeigt. (Foto: Heiko Thiesler)

Inzwischen nutzen auch strategische Bomber wie die B-1B extern angebrachte Zielbehälter wie den »Sniper« und können damit Präzisionswaffen einsetzen. (Foto: Heiko Thiesler)

Das Cockpit der B-1B ist modern ausgestattet und verfügt über mehrere Bildschirme. Inzwischen ist das gezeigte Cockpit überholt, ab 2014 wurde es nochmals, auch mit neuen Farbdisplays, modernisiert. (Foto: Alexander Golz)

Rauschen belegen. Einige Bomber können bis in größeren Abständen Decoys (dt. Köder) hinter sich herziehen oder abwerfen. Obwohl diese Drohnen wesentlich kleiner sind, können sie den Radarquerschnitt oder auch Flugeigenschaften einer B-52 oder B-1B imitieren bzw. übertreffen sowie entsprechende elektromagnetische Signale aussenden. Radargelenkte Luftabwehrraketen werden dadurch vom eigentlichen Flugzeug abgelenkt und wählen den Köder als größeres Ziel aus. Diese Methode hat sich bis in jüngere Konflikte etwa über dem Balkan oder dem Irak bewährt. Weitere wichtige Komponenten der Bordelektronik können verschiedene Warnsysteme sein, die etwa die Entdeckung durch gegnerisches Radar oder den Anflug von Luftabwehrraketen signalisieren. Auch Aufklärungsgeräte gehören dazu, ebenso die Kommunikationsausrüstung bis hin zur Echtzeitdatenvernetzung mit Einheiten der eigenen oder verbündeten Streitkräfte. Die Avionikausstattung eines Bombers wurde immer umfangreicher und effektiver, aber auch empfindlicher und kostspieliger. Ohne diese umfangreiche und stetig modernisierte Avionik würden sich viele Missionen heutzutage gar nicht mehr realisieren lassen, denn auch bei den Abwehrsystemen von Bombenangriffen ist die Entwicklung nicht stehen geblieben.

Wichtig sind für Bomber gegenwärtig auch Anlagen zur elektronischen Abwehr, zur Störung und für Gegenmaßnahmen (ECM), die B-1B besitzt einige davon u.a. im Rumpfheck. (Foto: Heiko Thiesler)

Bewaffnung

Abwurfwaffen

Viele Jahrzehnte lang waren Bomben die wichtigsten Waffen eines Bombers. Die Flugzeuge wurden mit unterschiedlich großen Bomben bestückt, die wiederum unterschiedliche Gefechtsladungen bis hin zu den größten Massenvernichtungswaffen trugen. So erlangte eine modifizierte Tu-95 am 30. Oktober 1961 zweifelhafte Berühmtheit, als sie die bis heute stärkste Waffe überhaupt und mit einer Sprengkraft von über 50 MT abwarf. Das entspricht über 50 Millionen Tonnen des herkömmlichen Sprengstoffes TNT! Diese mit der nüchternen Bezeichnung »Erzeugnis 602« versehene, international eher unter den Namen »Zar« oder »Iwan« bekannte Wasserstoffbombe wurde mittels Fallschirm abgebremst und als die Tu-95 sich rund 40 km entfernt hatte, in 4000 m Höhe gezündet. Daraufhin erzeugte sie kurzzeitig einen 65 km hohen Atompilz und eine Druckwelle, welche die Erde dreimal umrundete. Zweifellos ein Spiel mit dem Feuer, das in dieser Größenordnung nicht wiederholt wurde und keine serienmäßige Anwendung fand. Trotzdessen wurden bis heute zahlreiche Atombomben entwickelt, die eine verheerende Wirkung besitzen und in die Bewaffnung verschiedener Bombenflugzeuge aufgenommen wurden. Gerade zu Beginn des Atom(waffen)zeitalters fielen die Bomben noch sehr groß aus und erforderten große Trägerflugzeuge. So eigneten sich zunächst ausschließlich Langstreckenbomber wie die B-29 oder ihre russische Kopie Tu-4 als Trägermittel. Von strategischen Bombern B-47 und B-52 wurde später die 4000 kg schwere B53 getragen, welche mit 9 MT Sprengkraft als stärkste Waffe der US Air Force galt. Jünger ist die rund 1100 kg schwere, mit 1 bis 2 MT Sprengkraft ausgestattete B83, die von der B-52 und B-2 verwendet wird. Auch Großbritannien entwickelte seit den 1950er-Jahren mehrere Typen von Atombomben, nachdem der erste Kernwaffentest 1952 stattgefunden hatte. Die britischen Bomber der V-Force wurden ab Ende 1953 mit Bomben vom Typ

»Blue Danube« oder ab 1961 mit der »Red Beard« bestückt, die eine Sprengkraft von bis zu 15 kT besaßen. Mit kleineren Abmessungen und mit unterschiedlicher Sprengkraft wurde ab den 1960er-Jahren die WE.177 gebaut, sodass sie auch von Jagdbombern eingesetzt werden konnte. Mit der Außerdienststellung dieser Freifallbombe im Jahr 1998 gab die Royal Air Force ihren Atomwaffenstatus auf, den Großbritannien künftig auf seine U-Boot-Flotte verlagerte. Frankreich konnte seine Langstreckenbomber Mirage IV ab 1964 mit freifallenden Atombomben ausrüsten, zunächst mit der 60 kT starken AN11 und ab 1967 mit ebenso starken AN22. Die AN22 wurde schließlich im Juli 1988 außer Dienst gestellt und wich im Waffenarsenal dem Marschflugkörper ASMP. Gleiches gilt für die hauptsächlich von Jagdbombern getragene AN52 ab 1992. Auch China und die Sowjetunion konnten ihre Langstreckenbomber mit großen Atombomben ausrüsten, von denen ebenfalls mehrere Modelle mit unterschiedlich großer Sprengwirkung produziert wurden. Schon ab den 1950er-Jahren wurden zudem leichtere Atombomben für taktische Einsatzzwecke hergestellt und entsprechende Trägerflugzeuge wie Il-28 oder B-57 konnten sie einsetzen.

Unter dem Tragflügel einer B-52 sind hier GBU-32-Bomben zu sehen, die als JDAM-Waffen mittels GPS ins Ziel gelenkt werden. (Foto: Greg Kobashigawa / US DoD)

Neben den Atombomben gibt es eine große Anzahl konventioneller Bomben, die unterschiedlich groß von zahlreichen Bombertypen verwendet werden können. Zu konventionellen Bomben zählen Sprengbomben, wozu wiederum Splitter-, Splitterspreng-, Panzer-, Bündel- und Minenbomben gehören. Bei den Sprengbomben sind die Unterschiede hauptsächlich beim Anteil der Sprengladung oder der Stärke der Ummantelung auszumachen. Selbst große Bomber können hierbei kleinkalibrige Bomben laden und in großer Anzahl zum Einsatz bringen oder andererseits regelrechte Großkaliber mit 3000 kg und mehr Masse abwerfen. Verschiedene Tupolew-Bomber wie die Tu-16 oder Tu-95 vermochten sogar die 9000 kg schwere Sprengbombe FAB-9000 zu laden, die lange Zeit als überhaupt größte galt. Einige besonders sperrige und schwere US-amerikanische Sprengbomben wie die 1970 in Dienst gestellte, 6800 kg wiegende BLU-82/B oder die 2003 in Dienst gestellte GBU-43/B mit 9772 kg Gewicht werden über Paletten von Spezialflugzeugen wie der MC-130 Combat Talon abgeworfen. Diese Bomben wurden über Vietnam, Irak oder Afghanistan eingesetzt, richteten mächtige Zerstörungen an und erzielten zudem einen nicht zu unterschätzenden psychologischen Effekt beim Gegner. Allein die GBU-43/B, auch als MOAB – Massive Ordnance Air Blast bezeichnet und zugleich als Mother Of All Bombs interpretiert, besitzt einen Sprengstoffanteil von 8180 kg. Doch neben der Mutter gibt es seit über 10 Jahren auch einen Vater aller Bomben, diesmal allerdings aus Russland. Die russisch »Papa Wsech Bomb«, fachlich aber AWBPM betitelte Waffe hat einen Sprengstoffanteil von 7100 kg und besitzt eine Explosionskraft von 44 Tonnen TNT. Dabei nutzt sie als thermobarische Waffe den in der Luft enthaltenen Sauerstoff zur Verbrennung, um gleichzeitig die zuvor verteilten Flüssigkeiten und Feststoffe mittels einer Explosion zu entzünden. Die Wirkung ist mit Druckwelle, Hitze und Feuer verheerend und viermal so groß wie die der amerikanischen GBU-43/B. Im September 2007 warf eine Tu-160 der russischen Luftwaffe erstmals eine AWBPM ab. Wie bei der amerikanischen Riesenbombe erfolgt auch hier während des Fluges eine Stabilisierung mittels Fallschirm.

Luft-Boden-Lenkwaffen

Weitere Bewaffnungsvarianten von Bombern stellen Minen zur großflächigen Bekämpfung von Landzielen oder als Seeminen zur Bekämpfung von maritimen Zielen dar. Auch hier gibt es verschieden große Kaliber. Ungelenkte Luft-Boden-Raketen werden von Bombenflugzeugen kaum verwendet, dagegen zählen gelenkte Flugkörper gegen Boden- und Seeziele seit Jahren zu den wichtigsten Waffenarten. Hier gibt es eine große Typenvielfalt und bis heute werden immer wieder neue

Erster Marschflugkörper im Dienst der USAF wurde der AGM-28 »Hound Dog« mit einem 33 kN starken Strahltriebwerk, hier an einer B-52. (Foto: USAF)

Bereits 1953 stellte die Sowjetunion den mit konventionellem oder nuklearem Sprengkopf bestückten Marschflugkörper KS-1 in Dienst. Im Bild werden Tu-16 mit KS-1 beladen, um sie gegen Schiffsverbände einzusetzen.

Systeme entwickelt. Nach mehreren Versuchsbaureihen weiterentwickelter deutscher V-1-Lenkraketen für den Luft-Boden-Einsatz entstanden in der ehemaligen Sowjetunion zunächst große Lenkwaffen als sogenannte Flügelraketen, die man zu den Marschflugkörpern zählen kann. Der erste serienmäßig verwendete entstand im berühmten MiG-Konstruktionsbüro als KS-1 »Komet« (NATO-Bezeichnung AS-1 Kennel) und ähnelte im Habitus den frühen MiG-Kampfjets. Der KS-1 konnte mit konventionellem oder nuklearem Sprengkopf versehen werden, verfügte über ein luftatmendes Strahltriebwerk mit zentralem Lufteinlass, über ein Radar im Bug und flugzeugähnliche Tragflügel. Interessanterweise wurde die Komet auch bemannt getestet und schließlich als (unbemannter) Marschflugkörper 1953 in Dienst gestellt. Mit zweifacher Schallgeschwindigkeit wesentlich schneller war die Ch-20 (NATO AS-3 Kangaroo), die vom gleichen Konstruktionsbüro stammte und der MiG-19 ähnelte. Die Hauptserienversion Ch-20M war Ende 1959 einsatzklar und bewaffnete die Tu-95. Bei MiG wurde auch die K-10 entwickelt, die bei der NATO AS-2 Kipper hieß. Sie verfügte unter dem Rumpfheck über ein luftatmendes Triebwerk und war 1961 einsatzklar. Es wurden mehrere Modelle seriengefertigt, sie waren mit konventionellen oder aber nuklearen Sprengköpfen bis zu 500 kT Sprengkraft bestückt. Mit verschiedenartiger Lenkung entstanden als Weiterentwicklung der KS-1 die mit Raketentriebwerk ausgerüsteten Typen KSR-2 und KSR-11, die beide von der NATO mit AS-5 Kelt bezeichnet wurden. Sie erzielten eine Marschgeschwindigkeit von 1250 km/h und konnten ihr Ziel in niedriger Flughöhe angreifen. Das Konstruktionsbüro Raduga konzentrierte sich eigens auf die Entwicklung von Lenkwaffen, erstes Serienmodell war die Ch-22 (NATO AS-4 Kitchen). Tupolew-Bomber führten mehrere Varianten der Ch-22 mit, auch mit 350-kT-Atomsprengkopf. Andere waren speziell zur Bekämpfung von Schiffen gedacht, denn gerade in den kampfstarken US-Flugzeugträgerflotten sahen die Sowjets ein großes Bedrohungspotenzial. Eine weiterer Marschflugkörper im Arsenal sowjetischer Bomber stellten ab der zweiten Hälfte der 1960er-Jahre verschiedene Ausführungen der KSR-5 (NATO AS-6 Kingfish) dar. Unterschiede gab es vor allem bei den Sprengköpfen sowie den Arten der Lenkung. Für strategische Reichweiten konzipierte Raduga den Marschflugkörper Ch-55 (NATO AS-15 Kent), der von einem Strahltriebwerk angetrieben wird und mit einem 200 kT starken Atomsprengkopf ausgestattet ist. Im Flug tastet die Ch-55 das überflogene Terrain ab und erreicht letztlich eine hohe Treffgenauigkeit. Als modernisierte Ableitung entstand die Ch-555 mit einem konventionellen Sprengkopf und kam im November 2015 im Syrienkonflikt erstmals zum Einsatz. Das Steuerungssystem dieser Lenkwaffe wurde überarbeitet und bezieht die Satellitennavigation mittels dem GPS entsprechenden GLONASS-Receiver ein. Als Weiterentwicklung der Ch-22 entstand zwischenzeitlich die Ch-32, die künftig als modernisierte Komponente des Schwenkflügelbombers Tu-22M3 zum Einsatz kommen soll. Bereits 1980 ging mit der Ch-15 (NATO AS-16 Kickback) eine Kurzstreckenlenkwaffe in Produktion und wurde ursprünglich mit nuklearem Sprengkopf ausgeliefert. Später entstanden auch Versionen mit konventionellem Sprengkopf, um Radarstationen oder Schiffe zu bekämpfen. Nach Auflösung der So-

Die Ch-22 war ebenfalls zur Bekämpfung von Schiffen gedacht, wurde ab Ende der 1950er-Jahre entwickelt und ab 1964 den sowjetischen Marinebombenregimentern übergeben. (Foto: Heiko Thiesler)

Eine neue Generation von Marschflugkörpern stellte in den 1980er-Jahren die AGM-86 dar und machte zur Zeit des Kalten Krieges das Wort ***Cruise Missile*** *weltbekannt. (Foto: T.R. Young / US DoD)*

Als erster Marschflugkörper war die AGM-129 mit Stealth-Eigenschaften ausgestattet und gehörte zur Bewaffnung der B-52. Mittlerweile ist die Außerdienststellung vollzogen. (Foto: USAF)

wjetunion setzte Russland die Entwicklung von Marschflugkörpern fort, für mittlere Reichweiten wurde die Abstandswaffe Ch-SD entwickelt. Für strategische Bomber entstanden die Ch-101 und Ch-102 mit großer Reichweite und modernen, gegen elektronische Störmaßnahmen recht resistenten Lenksystemen. Auch die Ch-101 kam erstmals im Syrienkonflikt zum Kampfeinsatz, 2015 von Tu-160 und 2016 von Tu-95 gestartet. In den USA war die von North American gebaute und anfangs GAM-77 genannte AGM-28 »Hound Dog« eine frühe luftgestützte Lenkwaffe und nahm Ende 1959 ihren Dienst auf. Sie verfügte über einen thermonuklearen Sprengkopf sowie ein Strahltriebwerk, das eine Reichweite von mehr als 1200 km ermöglichte. Das Strahltriebwerk konnte mit seinem Schub das Trägerflugzeug beim Start unterstützen, aus dessen Tanks wurde der verbrauchte Treibstoff der Lenkwaffe später wieder nachgefüllt. Von der B-52 getragen, dauerte der Einsatz der AGM-28 beim Strategic Air Command der US Air Force bis 1978 an. Bereits sechs Jahre zuvor wurde Boeings AGM-69A SRAM (Short Range Attack Missile) in Dienst gestellt, die einen 200 kT starken Atomsprengkopf mit Mach 3 ins Ziel bringen konnte. Neben der B-52 konnten alle jüngeren Langstreckenbomber der US-Luftwaffe diese Lenkwaffe verwenden, bis sie 1990 außer Dienst gestellt wurde. Mit einer neuen Generation von Marschflugkörpern wie der wiederum von Boeing hergestellten AGM-86 erlebte der Begriff Cruise Missile eine neue Popularität. Obwohl die Cruise Missile (dt. Marschflugkörper) längst keine neue Waffe mehr war, wurde gerade die AGM-86 medial als Produkt des Wettrüstens und der nuklearen Bedrohung ausgeschlachtet. Neu war vor allem die durch Mikroprozessoren realisierte Lenkung, die eine Vielzahl von Daten speichert und diese mit dem überflogenen Gelände vergleicht. Später wird der Angriff im Tiefflug absolviert und wenn nötig Kurskorrekturen vorgenommen. Dabei konnte die AGM-86 auch vorprogrammierte Kurven von 360 Grad fliegen, um den Gegner zu täuschen. Angetrieben von einem Strahltriebwerk, das nach dem Abwurf vom Trägerflugzeug ebenso wie die Flügel und Leitwerksflächen ausgefahren wird, gab es zunächst die AGM-86A, dann die gestreckte AGM-86B in der Serienfertigung. Letztere wurde auch als ALCM für Air Launched Cruise Missile bezeichnet und mit einem 200-kT-Atomsprengkopf ab 1981 an die US-Luftwaffe geliefert. Ein Teil davon wurde später als AGM-86C mit konventionellem 455-kg-Sprengkopf umgerüstet und mit GPS-Receiver versehen. Als Nachfolgemuster entstand in den 1990er-Jahren die AGM-129A Advanced Cruise Missile mit Stealth-Eigenschaften. Neben einem Strahltriebwerk verfügt sie über ausklappbare, negativ gepfeilte Tragflächen und wird von einer Trägheitsnavigationsanlage ins Ziel gesteuert. Mehr als 450 AGM-129 wurden produziert, doch der Großteil davon in den letzten Jahren ausgemustert. Eine kleine Anzahl kann noch immer von B-52-Bombern eingesetzt werden. Die B-52 kann auch die AGM-142 »Popeye«

Die wichtigsten von Bombenflugzeugen getragenen Luft-Boden-Lenkwaffen.

Typ	Verwendung	Lenkung	Länge der Waffe (m)	Startmasse der Waffe (kg)	Reichweite der Waffe (km)	Einsatzmuster (Beispiele)
C-101 (China)	Anti-Schiff	Trägheit + Radar	5,8	815	45	H-6
C-601 (China)	Anti-Schiff	Trägheit + Radar	7,38	2450	100	H-6
C-801 (China)	Anti-Schiff	Trägheit + Radar	5,2	1000	50	H-6
CJ-20 (China)	Bodenziele / ALCM	Trägheit * GPS	7,2	1500	2400	H-6
ASMP (Frankreich)	Bodenziele / ALCM	Trägheit	5,38	840	250	Mirage IV
Blue Steel (Großbritannien)	Bodenziele / ALCM	Trägheit	10,59	6604	350	Victor, Vulcan
AGM-142 Popeye (Israel/USA)	Bodenziele / ALCM	Trägheit + TV	4,9	1497	130	B-52
KS-1 Komet (UdSSR)	Bodenziele + Anti-Schiff	Radar	8,29	2735	95	Tu-4, Tu-16
Ch-20 (UdSSR)	Bodenziele + Anti-Schiff	Trägheit	14,96	8950	390	Tu-95
K-10S (UdSSR)	Anti-Schiff	Trägheit + Radar	9,75	4533	350	Tu-16
Ch-22 (UdSSR)	Anti-Schiff	Trägheit	11,67	6800	460	Tu-95, Tu-22M
KSR-2 (UdSSR)	Bodenziele + Anti-Schiff	Auto + Radar	8,54	3800	330	Tu-16
KSR-5 (UdSSR)	Bodenziele + Anti-Schiff	Trägheit	10,9	5950	400	Tu-16
Ch-55 (UdSSR)	Bodenziele / ALCM	Trägheit	8,09	1700	2500	Tu-95, Tu-160
Ch-15 (UdSSR)	Bodenziele / ALCM	Trägheit	4,78	1200	150	Tu-22M, Tu-160
Ch-101 (Russland)	Bodenziele / ALCM	Trägheit, TV, GPS	7,5	2500	4000	Tu-95, Tu-160
AGM-28 Hound Dog (USA)	Bodenziele / ALCM	Trägheit	12,75	4593	1200	B-52
AGM-69 SRAM (USA)	Bodenziele / ALCM	Trägheit	4,27	1011	160	FB-111, B-1B
AGM-86B Tomahawk (USA)	Bodenziele / ALCM	Trägheit + Auto	6,32	1452	2500	B-52
AGM-129 (USA)	Bodenziele / ALCM	Trägheit	6,35	1247	3350	B-52, B-2
AGM-158A JASSM (USA)	Bodenziele / ALCM	Trägheit, GPS, IR	4,27	1020	370	B-52, B-1B

verwenden, welche eigentlich vom Unternehmen Rafael in Israel entwickelt wurde. Die TV-gelenkte Luft-Boden-Lenkwaffe trägt einen konventionellen 350-kg-Gefechtskopf und gehört auch zum Arsenal verschiedener Jagdbomber. Gleiches trifft auf die AGM-158 JASSM (Joint Air Surface Stand Off Missile) von Lockheed Martin zu. Diese ab 1999 erprobte und ab 2003 in Dienst gestellte Abstandswaffe verfügt über Stealth-Eigenschaften, verschiedene Arten der Lenkung, in der Version A über einen Sprengkopf mit hoher Durchschlagskraft und in der Langstreckenversion B über einen Dispender mit Submunition. Sämtlich in Dienst stehenden Bomber der US-Luftwaffe können die AGM-158 mitführen. Genauso verhält es sich mit der AGM-154 JSOW (Joint Stand Off Weapon) von Raytheon, die als präzisionsgelenkte Gleitbombe definiert wird. Aus etwa 12.000 m Flughöhe abgeworfen kann sie eine Reichweite von etwa 120 km erzielen, diese in der Version AGM-154D dank eines kleinen Strahltriebwerks aber auf knapp 300 km ausdehnen.

In Großbritannien trugen die Langstreckenbomber Victor und Vulcan in den 1960er-Jahren den von Avro entwickelten und relativ großen Marschflugkörper »Blue Steel«, der mit einem thermonuklearen Gefechtskopf von 1 MT Stärke ausgerüstet war. Nach dem Start vom Trägerflugzeug stieg die »Blue Steel« zunächst auf große Höhe, etwa 21.000 Meter, danach erfolgte mit Überschallgeschwindigkeit der Angriff auf das Ziel. Erste Teststarts dieser Lenkwaffe erfolgten 1959/60 und die Indienststellung drei Jahre später. Schließlich gehörte die Blue Steel bis Dezember 1970 zum Inventar der Royal Air Force, rund 50 Exemplare liefen vom Band.

Frankreich engagiert sich seit Jahren vor allem beim Bau modularer Abstandswaffen, die vorwiegend für Jagdbomber gedacht sind. Der Langstreckenbomber Mirage IV konnte zudem mit der Abstandswaffe ASMP bestückt werden, die mit einem nuklearen Sprengkopf bewaffnet war. Die ASMP wurde in der zweiten Hälfte der 1970er-Jahre als kleiner Marschflugkörper eigentlich für das Mehrzweckkampfflugzeug Mirage 2000 ent-

Typisch für sowjetische Bombenflugzeuge war ein bemannter Heckstand mit 23-mm-Waffen. Der Iljuschin-Abwehrstand K-6 an der Il-28 war der erste sowjetische mit elektrohydraulischem Antrieb. (Foto: Heiko Thiesler)

wickelt, als Interimslösung allerdings von der Mirage IV bis zu ihrer eigenen Außerdienststellung verwendet.
China als aufstrebende Militärmacht baut inzwischen selbst mehrere Typen von Luft-Boden-Lenkwaffen, die nunmehr unabhängig von ausländischen Vorbildern konzipiert werden. Auch die H-6-Langstreckenbomber tragen mehrere Typen von Marschflugkörpern und Anti-Schiffs-Lenkwaffen, wovon die C-101 / 601 / 801-Serie oder die CJ-20 für Langstrecken am bekanntesten sind.
Die Übersicht zu den Abwurf- sowie Luft-Boden-Lenkwaffen ist keinesfalls vollständig und kann nur ein kleiner Abriss zu den vielfältigen Systemen sein. Diese genauer zu beschreiben, würde den Rahmen dieses Buches sprengen. Frühe Bombenflugzeuge, die nach 1945 entstanden, konnten z.T. auch Torpedos zur Schiffbekämpfung einsetzen und trugen als Torpedobomber eine oder mehrere dieser Waffen. Manche waren dank ihrer Sensorausstattung fähig, sogar die Bekämpfung von U-Booten zu übernehmen. Letztlich wurden hierfür aber zunehmend spezielle Abwehrflugzeuge und Hubschrauber geschaffen und die Bekämpfung von Überwasserschiffen hauptsächlich aus großer Entfernung geführt. Die Abwehrbewaffnung auf Schiffen war durch raketengestützte Systeme immer effektiver und auch weitreichender geworden und Flugzeugträger besaßen selbst leistungsstarke Abfangjäger, die mit ihren Flugeigenschaften den Bombenflugzeugen überlegen waren. Für Auseinandersetzungen mit ein oder mehreren Jagdflugzeugen reichte die Abwehrbewaffnung der Bomber längst nicht mehr aus und der Umfang Begleitschutz bietender Jäger war gering oder gar nicht vorhanden. Nach dem II. Weltkrieg besaßen sowohl taktische als auch strategische Bomber eine umfangreiche, aus MG und Kanonen bestehende Abwehrbewaffnung. Häufig war diese im Bug, im Heck, auf und unter dem Rumpf platziert, inklusive ferngesteuerten Drehtürmen und bemannten Heckständen. Da die Entwicklung gerade unter Einbeziehung von Strahltriebwerken als Antrieb und gepfeilten Tragflächen zügig voran schritt und immer größere Geschwindigkeiten und Flughöhen möglich wurden, erfolgte eine oft großzügige Reduzierung der bordeigenen Abwehrbewaffnung. Mit ausschlaggebend war zudem die Verwendung von Marschflugkörpern, welche Angriffe aus großer Entfernung zum Ziel ermöglichten. Heute findet man nur noch selten eine Abwehrbewaffnung an Bombenflugzeugen, lediglich einige russische Typen wie die Tu-95 oder Tu-22M3 verfügen zumindest im Rumpfheck über Abwehrkanonen.
Kamen MG oder Kanonen bei nach 1945 in Dienst gestellten Bombenflugzeugen zum Einbau, waren es oft welche im Kaliber 20, 23 oder 30 mm. Bomber aus den 1950er-Jahren wie die Tu-4, Tu-16, Tu-95, B-36 oder B-50 verfügten noch über zahlreiche drehbare Abwehrstände, zum Teil wurden diese aber schon bald für eine größere Flughöhe und Reichweite demontiert oder auf ein bis zwei Waffen reduziert. Die meisten Abwehrstände aus jener Zeit wurden vom Cockpit aus ferngesteuert. Typisch russisch fielen die mit einem Bordschützen bemannten Heckstände bei sämtlichen Bombern (und auch militärischen Transportflugzeugen) aus, wobei meistens eine 23-mm-Zwillingskanone Verwendung fand. Bomber wie die Il-28 oder Tu-16 verfügten auch im Rumpfbug über Schusswaffen, die der Selbstverteidigung oder auch Angriffsattacken dienen konnten. Schon bei der nächsten Generation von Bombern, einschließlich Überschallmustern wie der Tu-22 oder B-58, gelangte nur noch eine Abwehrbewaffnung am Heck zum Einbau oder wurde später bei Typen wie der FB-111, B-1, B-2 oder Tu-160 gänzlich weggelassen. So sind Schusswaffen seit Jahren nur noch selten Bestandteil der Ausstattung von Bombenflugzeugen.
Ohne Anspruch auf Vollständigkeit wurde versucht, den folgenden Überblick zu den wichtigsten Bombern nach 1945 objektiv zu gestalten. Ohne das enorme Zerstörungspotenzial der aufgeführten Bomber und deren Bewaffnung zu verharmlosen, sind diese Flugzeuge zweifelsfrei ein interessanter Aspekt der Militärtechnik und Zeitgeschichte.

Die Finalvariante der Stratofortress erhielt als B-52H eine sechsläufige 20-mm-MK M61 zur Selbstverteidigung. Inzwischen wurden sie bei den verbliebenen Flugzeugen für zusätzliche Avionik entfernt. (Foto: Bob Simons / US DoD)

Bis zur Version B-52G gelangten vier 12,7-mm-MG M3 mit je 600 Schuss Munitionsvorrat im Heck des Bombers als Abwehrbewaffnung zum Einbau. (Foto: Bob Simons / US DoD)

China

Xian H-6 / B-6

Einst Ausgangspunkt der Seidenstraße ist Xian heute nicht nur Hauptstadt der Provinz Shaanxi, sondern zugleich ein wichtiger industrieller Standort. Hier wird bis heute im staatlichen Betrieb der Xian Aircraft Company Chinas Langstreckenbomber H-6 hergestellt. Der Grundstein für den Bau des zweistrahligen Musters wurde allerdings im nordöstlichen Harbin gelegt. Hier trafen Anfang 1959 zwei sowjetische Bomber Tupolew Tu-16 ein, ergänzt um technische Dokumentationen sowie Bausätze für die Fertigung weiterer Exemplare. Sowjetische Spezialisten halfen die chinesische Lizenzproduktion der Tu-16 vorzubereiten und ein erstes in China montiertes Flugzeug wurde bereits am 27. September 1959 eingeflogen. Doch danach ging es zunächst bergab. Aus einer ursprünglich anvisierten sowjetisch-chinesischen Flotte von Langstreckenbombern wurde nichts, die bilateralen Beziehungen zwischen den beiden Ländern verschlechterten sich zusehends und der Beschluss zur Verlagerung der Lizenzproduktion nach Xian folgte.

Die gesamte Bugpartie der H-6K einschließlich Cockpit oder auch die völlig neu entworfenen Lufteinlässe haben nichts mehr mit der Tu-16 gemein. (Foto: MPD via Chinese Internet)

Flugzeugtyp	**H-6K**
Verwendung	Langstreckenbombenflugzeug
Besatzung	3
Triebwerk	zwei NPO Saturn D-30KP-2 mit je 118 kN
Spannweite	33,00 m
Länge	34,80 m
Höhe	10,36 m
Flügelfläche	165,00 m²
Leermasse	35.000 kg
Startmasse max.	85.000 kg
Höchstgeschwindigkeit	1050 km/h
Marschgeschwindigkeit	800 km/h
Dienstgipfelhöhe	13.000 m
Reichweite	6500 km
Bewaffnung	bis 12.000 kg Bomben, Marschflugkörper im Rumpfschacht sowie sechs Aufhängepunkten

Die Überführung der technischen Anlagen sowie Personal verlangte einiges ab, zudem gingen Konstruktionsunterlagen verloren und das Ganze wurde von den Wirren der sogenannten Kulturrevolution überschattet. Immerhin realisierte eine der zur Verfügung stehenden Flugzeuge am 14. Mai 1965 den ersten Atombombenabwurf, am 17. Juni 1967 gefolgt vom ersten Abwurf einer chinesischen Wasserstoffbombe. Zwischenzeitlich waren durch das aufwendige Auseinandernehmen und Analysieren der ersten Tu-16 fehlende Daten ersetzt worden, um die Produktion doch noch zu starten. Eine erste wirklich chinesische Tu-16 startete schließlich am 24. Dezember 1968 als H-6 zum Erstflug. Danach wurde die Produktion hochgefahren und generierte bis heute verschiedene Baureihen, die Bereiche als Bomber und Lenkwaffenträger, Aufklärer und Störflugzeug, Tanker sowie Testmaschine bei Luftwaffe und Marine abdeckten. Das Grundschema des Tu-16-Bombers blieb da-

Chinas Langstreckenbomberkomponente stellt die H-6 dar, einst Nachbau der sowjetischen Tu-16. Die neueste Variante der Luftwaffe unterscheidet sich als H-6K, hier mit KD-63-Lenkraketen, aber inzwischen deutlich vom Ursprungsmuster. (Foto: Chen Jun)

bei im Wesentlichen erhalten. Trag- und Leitwerk waren gepfeilt, an den Seiten des schlanken Rumpfes waren die beiden Strahltriebwerke angebracht. Hier kamen chinesische Lizenzausgaben der Mikulin-Aggregate RD-3M-500 mit je 93 kN Schub als WP-8 zum Einbau, die ebenfalls in Xian hergestellt wurden. Anfangs blieb es bei der verglasten Navigatorkanzel im Rumpfbug sowie dem bemannten Heckstand mit einer 23-mm-Zwillingskanone, ergänzt um zwei weitere Zwillingsgeschütze auf und unter dem Rumpf sowie einer einzelnen 23-mm-Kanone im Vorderrumpf als Defensivbewaffnung. Zunächst fanden konventionelle und nukleare Freifallbomben ausschließlich im Rumpfschacht Platz. Flügelverkleidungen nahmen die Hauptfahrwerke mit je vier Rädern auf, während das Bugrad doppelt bereift war.

Dem Bomber H-6A als Hauptserienversion folgte der Aufklärer H-6B sowie die mit verbessertem Equipment zur elektronischen Kampfführung versehene Bomberversion H-6C. Im August 1981 flog mit der H-6D schließlich erstmals eine Variante als Lenkwaffenträger. Zwei Marschflugkörper wie die C-601 zur Schiffsbekämpfung fanden an Pylonen unter dem Tragwerk Platz, die nun voluminösere Radarverkleidung unter dem Vorderrumpf nahm ein Rundumsichtgerät HL-6D auf. Ab Mitte der 1980er-Jahre begann der Einsatz der H-6D bei den chinesischen Marinefliegern, zudem wurde einige Exemplare unter der Exportbezeichnung B-6D an den Irak geliefert. Ab Ende der 1980er/Anfang der 1990-Jahre erschienen modernisierte Baureihen für den Einsatz von Freifallbomben unter der Bezeichnung H-6E und H-6F und wurden der chinesischen Luftwaffe zugeführt. Sie erhielten eine verbesserte Bordelektronik inklusive neuer Navigationsanlage plus GPS und ein automatisches Feuerleitsystem. Die H-6G wiederum stellte die Modernisierung des Lenkwaffenträgers für die Marine dar und verfügte nun über vier Aufhängevorrichtungen für Marschflugkörper. Hier kamen neben neuen Lenkwaffen auch neue Störbehälter zum Einsatz. Die H-6G löste etwa ab 2005 die H-6D ab, während etwas früher auch die Luftwaffe eine neue Version und diesmal ebenfalls als Lenkwaffenträger unter der Bezeichnung H-6H in Dienst stellte. Außerdem gab es die von der F-Baureihe abgeleitete Upgrade-Variante H-6M, bei der man den eigenen Schutz mittels Radarwarnempfänger, einem Warngerät vor anfliegenden Raketen sowie Täuschkörperwerfern verstärkte und die Bewaffnung flexibler gestaltete. Fer-

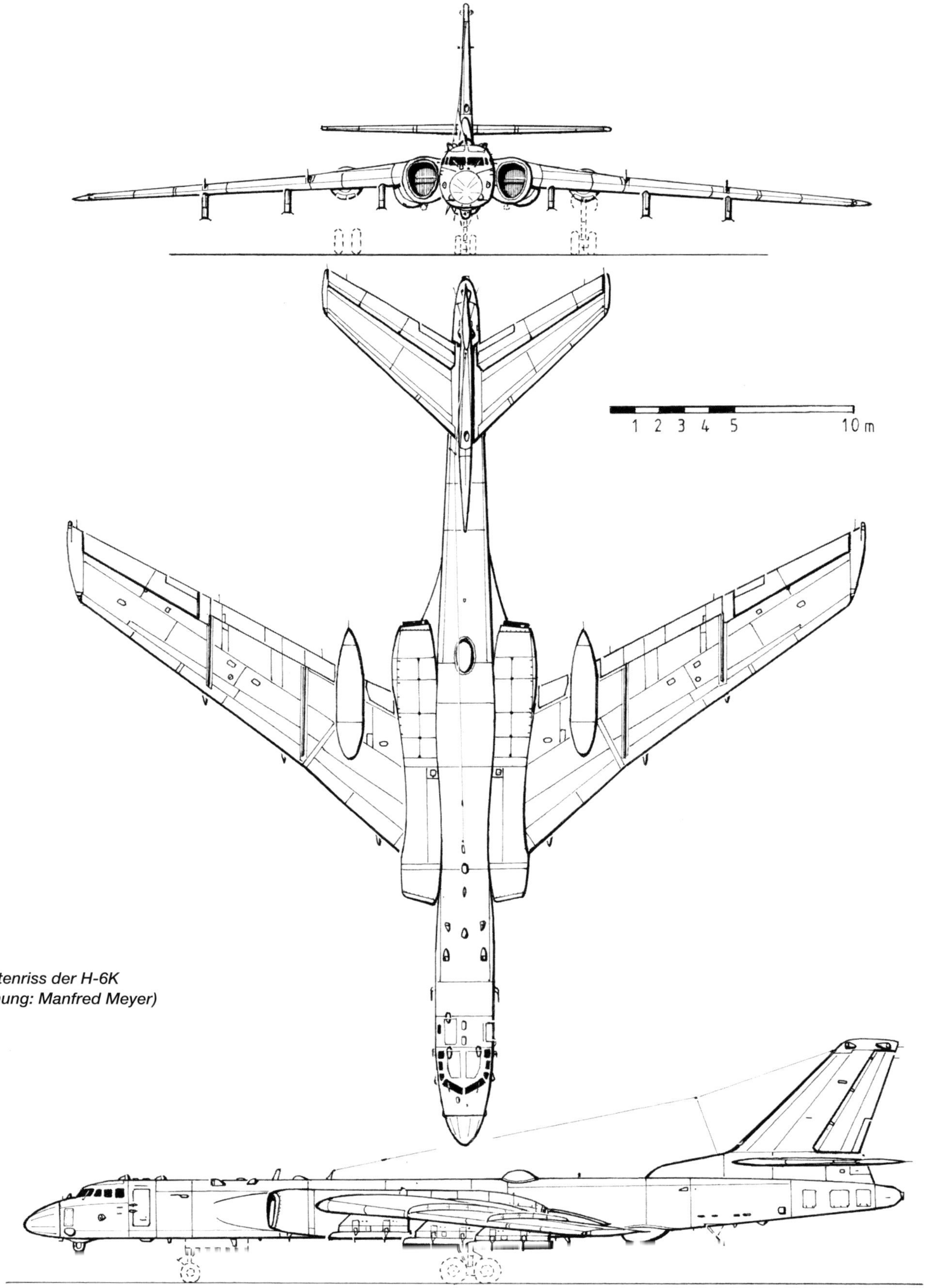

Dreiseitenriss der H-6K
(Zeichnung: Manfred Meyer)

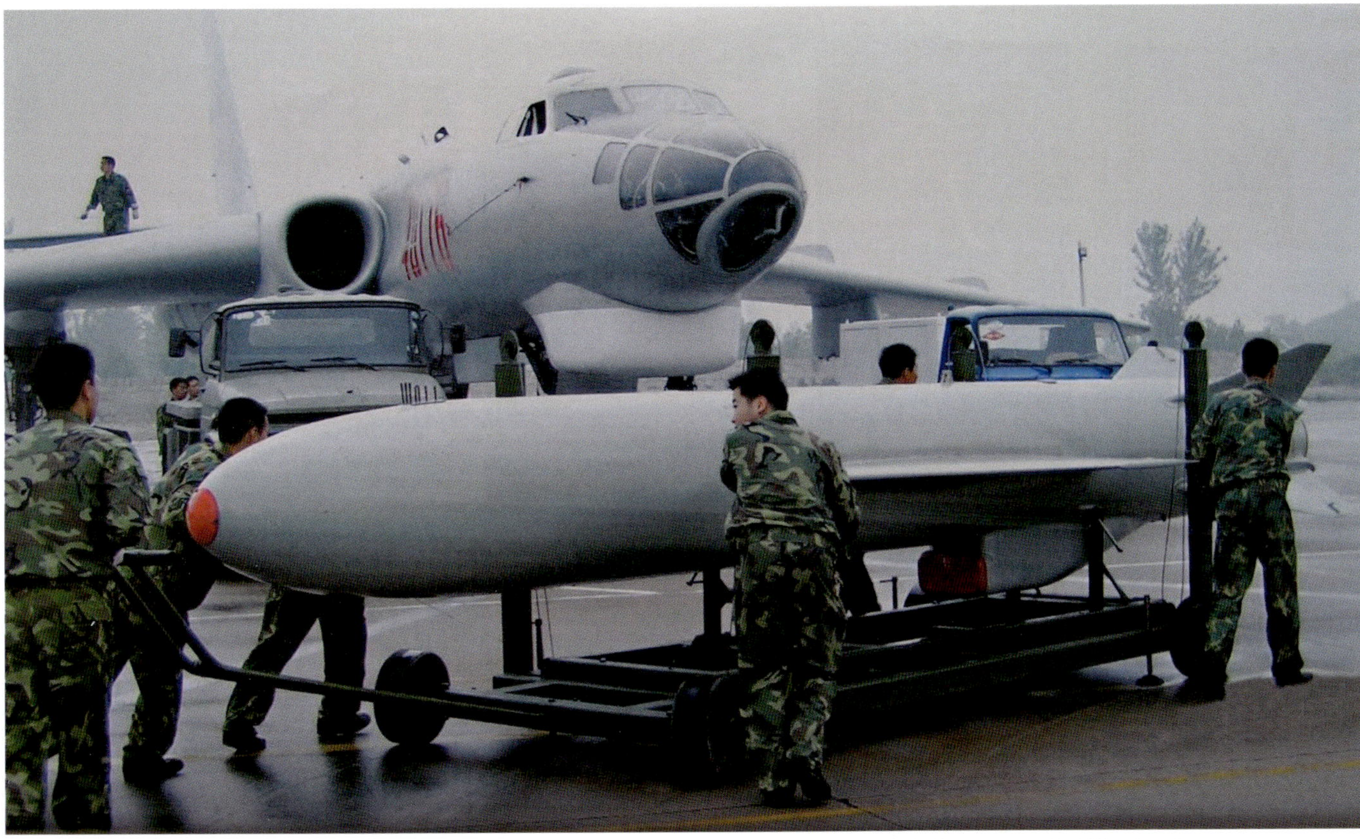

Die H-6M im Hintergrund kann mit Lenkwaffen wie der YJ-63 (KD-63) bewaffnet werden und diese gegen Schiffe einsetzen. (Foto: MPD via Chinese Internet)

ner existierten verschiedene Testflugzeuge, so auch die eher ungewöhnliche H-6I mit vier Rolls-Royce-Triebwerken, wovon zwei unter dem Tragwerk montiert wurden und offensichtlich der Konzeptsuche nach einem neuen Bomber dienten. HD-6 erfüllten andererseits Aufgaben als Störflugzeug und ab Mitte der 1990er-Jahre wurden zwei Modelle als Tanker H-6U sowie H-6DU bei Luftwaffe sowie Marine in Dienst gestellt.

Mit der H-6K, die am 5. Januar 2007 ihren Erstflug hatte, wurde die Entwicklung fort- und die gesamte Bomberfamilie dadurch auf ein höheres Level geführt. Die H-6K wies einige wesentliche Neuerungen auf, die sie praktisch zu einem neuen Flugzeug machten. Verstärkt kamen leichte Verbundwerkstoffe zur Anwendung, die Gewicht einsparten. Die Strahlturbinen wurden durch russische D-30KP ersetzt, die 25% mehr Schub lieferten, aber zugleich sparsamer im Verbrauch waren. Ihre Abmessungen erforderten die Vergrößerung der Lufteinlässe, wunschgemäß sollen sie einmal durch chinesische Ableitungen vom Typ WS-18 ersetzt werden. Der Vorderrumpf der H-6K wurde völlig umgestaltet. Dazu gehören eine größere Bugnase für das Radar, welches durch Infrarot- und TV-Sensor unterstützt wird. Eine Satellitenkommunikationsanlage und weitere zeitgemäße Sensoren einschließlich Datenvernetzung gehören zu den wichtigen Avionikbaugruppen des Bombers. Hinter einer völlig neuen Kanzel befindet sich ein Glascockpit mit sechs Bildschirmen, das den Arbeitsaufwand deutlich reduziert und die Besatzung auf drei Mitglieder reduziert. Gestiegen ist dafür die Waffenlast von 9000 auf 12.000 kg, die hauptsächlich an sechs Trägern unter den Tragflächen mitgeführt wird. Das sind vor allem Marschflugkörper unterschiedlicher Typen, aber auch eine große Anzahl an Freifallbomben. Eine Abwehrbewaffnung durch Kanonen gibt es nicht mehr, später kam die Möglichkeit zur Luftbetankung hinzu.. Bis Anfang 2018 waren rund 70 H-6K ausgeliefert und formten vier Bombenfliegerregimenter in Anqing, Leiyang, Shaodong und Wugong. Drei weitere Regimenter der Luftwaffe flogen zu diesem Zeitpunkt von Luhe und Xian aus noch H-6H und H-6M, während sich H-6A nur noch im Bestand der Flugschule in Harbin befanden. Die chinesische Marine setzte hingegen von Changzou und Guiping aus die Variante H-6G ein und kann demnächst sicher auch mit einer Modernisierung rechnen. Die könnte in Form der 2017 vorgestellten H-6N als Ableitung der Luftwaffenversion H-6K kommen, zugleich rückt damit die Produktionsziffer des chinesischen Bombers von insgesamt 200 Exemplaren aller Versionen in greifbare Nähe.

Frankreich

Dassault Mirage IV

Im Jahr 1954 beschloss Frankreich eine eigene atomare Streitmacht aufzubauen, wobei die Trägermittel aus land- und seegestützten Raketen sowie Bombenflugzeugen bestehen sollten. Das Unternehmen Dassault erhielt 1956 einen entsprechenden Regierungsauftrag zur Entwicklung eines überschallfähigen Langstreckenbombers. Im gleichen Jahr flog die später weithin bekannte Mirage III zum ersten Mal und diente als Entwicklungsbasis für den Bomber. Dieser erinnerte in seiner Konfiguration an eine maßstäblich stark vergrößerte Mirage III, erhielt ebenfalls einen um 60 Grad gepfeilten, aber mehr als doppelt so großen Deltaflügel mit breiter gekappten Enden. Zudem wurde die Flugzeugzelle stärker gebaut und mit zwei Strahltriebwerken versehen. Ebenso wurde das Fahrwerk verstärkt, erhielt an den Hauptstreben jeweils vier und am Bugrad zwei Räder. Abwerfbare Zusatztanks sowie eine Nachtankvorrichtung im Bug dienten zur Erhöhung bzw. der Erlangung einer strategischen Reichweite, ferner konnten Starthilfsraketen montiert werden. Ein im Rumpfheck verstauter Bremsschirm verkürzte hingegen die Landestrecke. Neben einem Radar von Thomson-CSF gab es ein Dopplergerät von Marconi, zu den weiteren Avionikbaugruppen zählten ein Analogrechner, ein Radarwarnempfänger sowie ein System zur elektronischen Kampfführung. Letzteres wurde durch Täuschkörperwerfer unterstützt. Die Besatzung des Flugzeugs saß in zwei hintereinander liegenden Cockpits auf Martin-Baker-Schleudersitzen, die in Frankreich in Lizenz gefertigt wurden.

Flugzeugtyp	Mirage IV
Verwendung	Langstreckenbombenflugzeug
Besatzung	2
Triebwerk	zwei Snecma Atar 9K mit je 68,7 kN mit Nachbrenner
Spannweite	11,84 m
Länge	23,49 m
Höhe	5,40 m
Flügelfläche	78,00 m²
Leermasse	14.200 kg
Startmasse max.	33.475 kg
Höchstgeschwindigkeit	2340 km/h
Marschgeschwindigkeit	960 km/h
Dienstgipfelhöhe	19.812 m
Reichweite	4000 km mit Zusatztanks
Bewaffnung	bis 7288 kg Bomben und Lenkraketen an vier bis fünf Aufhängepunkten

Mit aufgestellten Bremsklappen zieht diese Mirage IVP ihre Runden. Der lange Bugausleger stellt die Nachtankvorrichtung dar. (Foto: Kristof Jonckheere)

Der beeindruckende Entwurf erhielt die Bezeichnung Mirage IV und ein erster Prototyp absolvierte am 17. Juni 1959 den Erstflug. Beim 33. Flug wurde zweifache Schallgeschwindigkeit erreicht und im September 1960 wurde ein Weltrekord mit 1822 km/h auf einer geschlossenen 1000-km-Srecke aufgestellt. Dem Prototyp folgten drei Vorserienmaschinen, welche andere Triebwerke, aber auch Navigations-, Waffen- und Nachtanksysteme testeten. Ab 1964 begannen schließlich die Serienlieferungen und zum 1. Oktober wurde die Einsatzbe-

Interessanter Vergleich von Mirage III und der geometrisch vergrößerten Mirage IV mit nahezu gleichartiger Konzeption. (Foto: Dassault Aviation)

reitschaft des Bombers vermeldet. Insgesamt wurden 62 Serienmaschinen gebaut.

Die Mirage IVA wurden zunächst dem strategischen Luftkommando Frankreichs CFAS unterstellt, dass die Flugzeuge schnell abrufbereit hielt. Dazu waren sie mit zwölf Starthilfsraketen ausgerüstet, zudem stellten behelfsmäßig präparierte Rollbahnen im Bedarfsfall kein Problem für die Bomber dar. Als Bewaffnung dienten verschiedene Kombinationen, hauptsächlich aber die halbversenkt im Rumpf untergebrachten, atomaren Freifallbomben AN11 und AN22. Gestartet wurde meistens paarweise, wobei eines der Flugzeuge die Atomwaffe geladen hatte und die andere Maschine ausschließlich als Tanker fungierte. Die größte Stärke hatte die Mirage IV-Flotte Ende der 1960er-Jahre in den drei Geschwadern EB 91, 93 und 94 mit je drei Staffeln zu je vier Flugzeugen und stationiert an verschiedenen Standorten. Dabei waren von den 36 Bombern zwölf in der Luft, zwölf besaßen eine Vier-Minuten-Alarmbereitschaft und 12 eine 45-Minuten-Alarmbereitschaft. Weitere Mirage IVA befanden sich in einsatzbereiter Reserve oder zur Wartung und waren damit Teil eines kostenintensiven Einsatzszenarios während des Kalten Krieges. Die Vielzahl der Flüge und das harte Training setzten den Bombern und ihren Crews stark zu, sodass der Bestand stetig abnahm. In den 1970er-Jahren erfolgten Umstrukturierungen inklusive der Auf-

Für einen raschen Start konnte die Mirage IV zwölf Starthilfsraketen verwenden. (Foto: Rob Schleiffert)

lösung des Geschwaders EB 93, in den 1980er-Jahren wurden verschiedene Modernisierungen an den Flugzeugen durchgeführt. Diese betrafen das Cockpit, den Einbau neuer Flugregler und Störsender und nicht zuletzt die Verwendung eines leistungsfähigeren »Arcana«-Impuls-Doppler-Radars. Dies stand im Einklang mit der Bestückung der 250 km weit reichenden Abstandswaffe AMSP mit einem atomaren 300 kT-Gefechtskopf. Die ASMP ersetzte ab Mitte der 1980er-Jahre praktisch die Bestückung mit atomaren Freifallbomben, die 18 umgerüsteten Bomber hießen fortan Mirage IVP. Zugleich bestimmten nun Tiefflugeinsätze das Einsatzkonzept, bis die Flugzeuge ab Mitte 1996 nur noch als Aufklärer verwendet und für diese Aufgaben auch zum Balkan abkommandiert wurden. Die Ausmusterung der Mirage IV erfolgte schließlich im Juni 2005 nach 337.000 absolvierten Flugstunden seit ihrem Dienstantritt. Während der Einsatzlaufbahn gingen etwa 20 Maschinen durch Havarien verloren.

Während eines Tags der offenen Tür wurde im Juni 1986 diese Mirage IVA gezeigt, unter dem Rumpf trägt sie eine Atombombe. (Foto: Rob Schleiffert)

Die Mirage IV war ein leistungsfähiges Bombenflugzeug, doch nur mit Zusatztanks oder Luftbetankung waren Langstreckeneinsätze möglich. (Foto: Dassault Aviation)

Großbritannien

Avro 694 Lincoln

Die im Jahr 1910 gegründete A.V.Roe and Company, besser bekannt als Avro, hatte mit der Lancaster einen der bekanntesten Bomber des Zweiten Weltkrieges geschaffen. Mehr als 7000 dieser viermotorigen Flugzeuge wurden hergestellt, welche auch die seinerzeit größte und mit knapp 10.000 kg zugleich schwerste Bombe »Grand Slam« einsetzen konnten. Unter der Spezifikation B.14/43 entstand eine Weiterentwicklung, deren Umkonstruktionen letztendlich aber so umfangreich ausfielen, dass dieses Flugzeug auch eine neue Typenbezeichnung erhalten sollte. Man einigte sich auf den Namen Lincoln und wie sein Vorgänger sollte dieser Bomber noch im Zweiten Weltkrieg zum Einsatz kommen, doch geschah dies nicht mehr.

Grundsätzlich war die Lincoln dem Vorgänger ähnlich konzipiert. Sie besaß ein Mitteldeckertragwerk großer Streckung, das sich zu den Enden hin verjüngte. Am Tragwerk waren insgesamt vier Reihenmotoren mit Vierblatt-Propellern angebracht, wobei unterschiedliche Varianten des Rolls-Royce Merlin zum Einbau gelangten. In den inneren Triebwerksgondeln zogen die einfach bereiften Hauptfahrwerke ein, während das ebenfalls einfach bereifte Heckrad starr montiert war. Der Leitwerkskomplex bestand aus Höhenflossen mit Endscheiben zur Seitensteuerung. Die komplette Bombenlast wurde intern mitgeführt, am Bug, am Heck sowie auf dem Rumpf gab es MG-Abwehrstände und Glaskanzeln für die Crew. Charakteristisch für viele Lincoln-Bomber war zudem eine Radarkuppel, die sich unter dem hinteren Rumpfabschnitt befand.

Ein erster Prototyp der Lincoln war am 9. Juni 1944 zum ersten Mal geflogen, dem eine zweite Versuchsmaschine im November desselben Jahres in die Flugerprobung folgte und die überzeugenden Flugeigenschaften bestätigte. Im Laufe des Jahres 1945 erhielt die Royal Air Force die ersten Serienmaschinen Lincoln B.1, die zuerst zum No 57 Squadron nach East Kirkby, Lincolnshire gingen, aber vor allem Erprobungscharakter hatten. Der eigentliche Dienst des Bombers begann 1946. Die Serienproduktion wechselte nach 82 Mk.1-Flugzeugen auf die Lincoln B.2 und bis 1948 waren mehr als ein Dutzend Staffeln mit dem Muster ausgerüstet. Trotz Verringerung des ursprünglich geplanten Serienumfangs sollten es später nicht weniger als 29 Bombergeschwader innerhalb der RAF werden, die das Flugzeug, zum Teil auch als Aufklärer, einsetzte. Die zweite Serienvariante wies kleinere Änderungen bei Bewaffnung, Avionik und Antrieb auf, wobei die Triebwerke in Lizenz gefertigte Packard-Motoren mit gleicher Leistung darstellten. Bis 1951 wurden 447 Lincoln B.2 in drei Werken hergestellt und 12 weitere Exemplare entstanden als Umbauten älterer Modelle. Zudem wurden später rund 60 Mk.2-Maschinen auf den Standard Mk.4 mit neuen Merlin-Motoren umgerüstet. Desweiteren wurde eine einzelne Lincoln B.15 bei der Victory Aircraft Ltd. in Kanada montiert und zuzüglich zwei britischen Exemplaren bei der Royal Canadian Air Force bewertet. Ab 1946 produzierte die Government Aircraft Factory in Australien 43 Lincoln Mk.30 sowie 30 Mk.30A, die nachfolgend von sieben Einsatzstaffeln geflogen wurden. Erstempfänger war hierbei No 12

Flugzeugtyp	**Lincoln B. 1**
Verwendung	Langstreckenbombenflugzeug
Besatzung	7
Triebwerk	vier Rolls-Royce Merlin 85 mit je 1305 kW
Spannweite	36,58 m
Länge	23,86 m
Höhe	5,27 m
Flügelfläche	132,01 m²
Leermasse	19.686 kg
Startmasse max.	37.195 kg
Höchstgeschwindigkeit	475 km/h
Marschgeschwindigkeit	346 km/h
Dienstgipfelhöhe	9295 m
Reichweite	5745 km
Bewaffnung	drei 12,7-mm-Zwillings-MG Browning M2 im Bug, im Heck und auf dem Rumpf sowie bis 6350 kg Bomben im Rumpfschacht

Eine Lincoln B.2 verdeutlicht zu Beginn der 1950er-Jahre das eigentlich schon überholte Konzept eines schweren Bombers, trotzdessen flogen Maschinen dieses Typs bis ins nachfolgende Jahrzehnt. (Foto: Ray Watkins Collection)

Sqn ab Juni 1947. Ein Teil dieser dann mit Lincoln Mk.31 bezeichneten Maschinen wurde am Bug um knapp zwei Meter verlängert, um zusätzliches Einsatzequipment für U-Boot-Abwehreinsätze aufzunehmen. Während diese Modifikation die Sicht bei der Landung zusätzlich einschränkte, wurde der Bombenschacht zur Aufnahme von Torpedos angepasst sowie die Kraftstoffkapazität vergrößert. Australien flog die Lincoln bis 1961, zusammen mit britischen Flugzeugen dieses Typs waren diese auch bei der Bekämpfung malaysischer Rebellen ab Ende der 1940er-Jahre beteiligt. Großbritannien selbst nutzte die Lincoln auch zu Kampfeinsätzen über Kenia, die Außerdienststellung erfolgte offiziell 1955. Einen weiteren Betreiber gab es schließlich mit der argentinischen Luftwaffe, wo der Dienst des Bombers von 1947 bis 1967 in einer Größenordnung von 30 Exemplaren währte.

Avro 698 Vulcan

Flugzeugtyp	Vulcan B.2
Verwendung	Langstreckenbombenflugzeug
Besatzung	5
Triebwerk	vier Rolls-Royce Olympus 301 mit je 88,98 kN
Spannweite	33,83 m
Länge	32,15 m
Höhe	8,28 m
Flügelfläche	368,30 m²
Leermasse	37.908 kg
Startmasse max.	113.398 kg
Höchstgeschwindigkeit	1038 km/h
Marschgeschwindigkeit	990 km/h
Dienstgipfelhöhe	19.500 m
Reichweite	7400 km
Bewaffnung	bis 9534 kg Bomben, Lenkraketen im Rumpfschacht, optional an zwei Aufhängepunkten

Die Avro Vulcan war eines der ungewöhnlichsten Flugzeuge überhaupt. Das gewaltige Deltatragwerk machte den Bomber fast zu einem Nurflügler und trug zu einer bemerkenswerten Wendigkeit bei. Der Sound der vier Olympus-Strahlturbinen, die in modifizierter Form auch im Überschallairliner Concorde Verwendung fanden, taten ein Übriges. Wer die Vulcan je fliegend sah, wird ihren Anblick sicher nie vergessen.

Mit der Vulcan wurde seinerzeit viel Neuland beschritten, vor allem in aerodynamischer Hinsicht und sie sollte das Rückgrat der sogenannten V-Force bilden. Die aus den V-Bombern Valiant, Victor und Vulcan bestehende V-Force war als luftgestütztes Trägermittel atomarer Waffen und als Teil der britischen Abschreckungspolitik gedacht, die im Ernstfall den europäischen Teil der damaligen Sowjetunion erreichen sollte.

Um eventuell auftretende Probleme mit dem großen Deltaflügel mit bis zu 52 Grad Vorderkantenpfeilung möglichst gut zu meistern, wurden zunächst mehrere Versuchsflugzeuge als Avro 707 gebaut. Diese hatten ungefähr die Konfiguration der Vulcan, entsprachen aber nur einem Drittel der Größe des zukünftigen Bombers und wurden bereits ab September 1949 getestet. Ein wirklicher Vulcan-Prototyp folgte ab dem 30. August 1952 in die Flugerprobung, bei dem man mehrmals den

Der erste Vulcan-Prototyp VX 770 zeigt die klare Linienführung der Konstruktion einschließlich des gewaltigen Deltaflügels auf (Foto: BAE Systems)

In den 1960er-Jahren gehörte der unter dem Rumpf mitgeführte Marschflugkörper «Blue Steel» zur Hauptbewaffnung der Vulcan B.2. (Foto: BAE Systems)

Triebwerkstyp wechselte. Ein zweiter flog im September 1953 erstmals und besaß nun Olympus-Turbinen zum Antrieb, die später einen größeren Schub als alle zuvor verwendeten Aggregate erzeugten. Zwei Jahre später war auch die erste Serienmaschine als Vulcan B.1 in der Luft. Erfahrungen in der Testphase des Bombers führten zu Änderungen am Tragwerk, die positive Pfeilstellung wurde von den Wurzeln auf die halbe Spannweite reduziert und die Flügelhinterkante erhielt einen Knick. Alle Serienmaschinen wurden derartig modifiziert, zwischenzeitlich hatte die Umschulungseinheit 230 in Waddington ab Mai 1956 die ersten Einsatzexemplare erhalten und mit der No 83 Squadron wurde die erste operationelle Einheit ab Juli 1957 am selben Standort mit der Vulcan ausgerüstet. Vier weitere Staffeln folgten, etwa 30 der Bomber erhielten ab 1958 zusätzliche Geräte zur elektronischen Abwehr und wurden mit Vulcan B.1A bezeichnet. Mit der neuen Bomberversion Vulcan B.2 wurden ab 1960 zunächst wieder die beiden Staffeln in Waddington beliefert, danach gab es acht weitere Einsatzverbände mit diesem Flugzeug. Von den insgesamt 137 gebauten Vulcan machte die neue Version mit 89 Stück den Hauptanteil aus.

Die Tragflügel der Mk.2-Variante besaßen eine größere Spannweite und Flügelfläche sowie mehrmals geknickte Vorderkanten als besonderes Merkmal. Damit wurden Auftrieb sowie die Leistungsfähigkeit in großen Flughöhen verbessert, zuzüglich verfügten die Olympus-Triebwerke über mehr Schub sowie voluminösere Lufteinlässe. Außerdem erfolgte die Einrüstung eines Radarwarnempfängers sowie verbesserter Systeme zur elektronischen Kampfführung im Heck, wodurch der große Bremsschirm etwas höher untergebracht werden musste. Hinzu kam der Anbau einer Luftbetankungsanlage sowie einer Hilfsgasturbine zur bordeigenen Stromversorgung, das sperrige H2S-Radar wurde später durch ein Geländefolgeradar ergänzt. Neben der großen Kraftstoffmenge in 14 separaten, in Rumpf und Tragwerk befindlichen Integraltanks konnte man für Überführungsflüge Zusatzbehälter im Bombenschacht unterbringen. Die beiden Piloten verfügten über Martin-Baker-Schleudersitze, die übrigen drei Besatzungsmitglieder als Navigator, Elektronikoffizier sowie Radarbediener mussten notfalls über Luken aussteigen. Ab Ende 1962 gehörte der atomar bestückte Marschflugkörper »Blue Steel« zur Hauptbewaffnung, der im Rumpfschacht Platz fand und zur Versionsbezeichnung Vulcan B.2A führte. Die in Scampton beheimateten Vulcan-Staffeln 27, 83 und 617 wurden zu Trägermitteln der bis zu Mach 2,5 schnellen Lenkwaffe. Die »Blue Steel« gehörte bis 1969 zum Einsatzinventar des Bombers, dann verlagerte Großbritannien seine atomare Streitmacht hauptsächlich auf U-Boot-gestützte Raketen. Neun der Bom-

Auch in der Frontalansicht bietet die Vulcan B.2 einen imposanten Anblick, bemerkenswert die mächtigen Lufteinlässe für die Olympus-Triebwerke in den Tragflügelwurzeln. (Foto: Heiko Thiesler)

ber wurden 1973/74 zu strategischen Aufklärern Vulcan SR.2 umgerüstet, sechs andere Maschinen zu Tankern K.2 umgebaut. Bereits ab Mitte 1981 hatte die Royal Air Force damit begonnen, ihre Vulcan-Bomberverbände aufzulösen. Durch den Falkland-Krieg wurde diese Maßnahme unterbrochen und führte schließlich zu den einzigen reellen Kampfeinsätzen des Flugzeugs. Um der britischen Eingreiftruppe eine strategische Komponente aus der Luft zur Verfügung zu stellen, wurden aus verschiedenen Quellen, angeblich auch aus einem Museum, Teile zur Luftbetankung besorgt. Ferner erhielten die Vulcan-Crews eine Sonderausbildung. Fünf der Bomber wurden dann auf Ascension im Südatlantik stationiert und starteten zu insgesamt sechs Einsätzen in Richtung Falkland-Inseln, doch musste einer wegen Ausfall eines Tankflugzeugs abgebrochen werden. Für die erforderliche Kraftstoffmenge in der Luft sorgten bis zu elf Tanker Victor K.2, die sich zeitlich gestaffelt, vor allem selbst betanken mussten. Jeden Einsatz begannen zwei Vulcan, eine davon als Reserve. Letztere kehrte nach der ersten Luftbetankung um, während die andere Maschine einen 16-Stunden-Einsatz flog. Am 1. Mai 1982 warf eine der Vulcan insgesamt 21 Bomben zu je 454 kg auf den Flugplatz von Port Stanley, eine zweite Attacke erfolgte in der Nacht vom 3. zum 4. Mai und bei einer weiteren Bombermission kamen am 12. Juni Spreng- und Splitterbomben zum Einsatz. Die zwei anderen Einsätze absolvierte die Vulcan mit AGM-45 »Shrike«-Lenkraketen, wovon sechs abgefeuert wurden und am 31. Mai eine argentinische Radaranlage trafen. Bei den Kampfeinsätzen musste eine Vulcan in Rio de Janeiro,

Brasilien notlanden, weil die Nachtankvorrichtung nicht funktionierte. Die sehr anspruchsvollen und ebenso aufwendigen Flüge waren die bis dahin weitesten Nonstop-Einsätze von Kampfflugzeugen, die Flugstrecke von Ascension zu den Falklands und zurück hatte eine Länge von bis zu 14.800 km. Noch 1982, nach dem Ende des Falkland-Krieges wurden auch die letzten Bomberstaffeln mit der Vulcan aufgelöst, während sie als Tanker noch zwei weitere Jahre flog. Zur Freude zahlreicher Luftfahrtenthusiasten wurde eine Vulcan mit der militärischen Kennung XH558 und dem verheißungsvollen Zusatznamen »Spirit of Great Britain« über viele Jahre und für Kosten von mehr als zwei Millionen Pfund jährlich flugfähig erhalten, bis auch dieses Exemplar am 28. Oktober 2015 ihren letzten Auftritt hatte und man die beeindruckende Konstruktion zum letzten Mal am Himmel sah.

Klar erkennbar erfuhr der Deltaflügel der Vulcan B.2 eine deutliche Veränderung gegenüber der ersten Serienausführung B.1. (Foto: Heiko Thiesler)

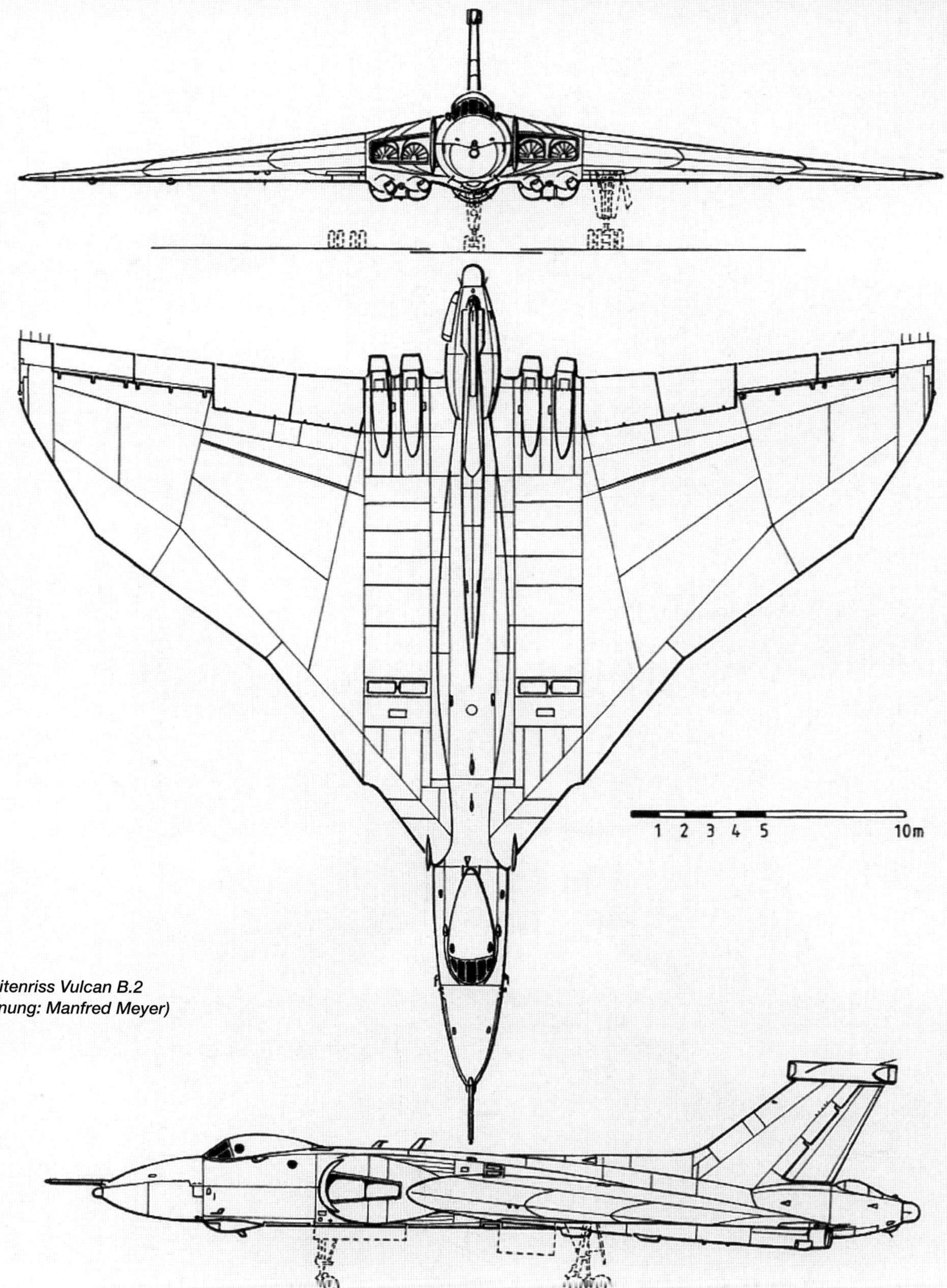

Dreiseitenriss Vulcan B.2
(Zeichnung: Manfred Meyer)

English Electric Canberra

Die Canberra wurde zum ersten britischen Bomber mit Strahlantrieb, der auch durch den Bau zahlreicher Subvarianten eine lange und erfolgreiche Einsatzkarriere vorweisen konnte. Sie galt als rentabel und zuverlässig, verfügte über ein ausgezeichnetes Handling und kam auch in mehreren Konflikten wirkungsvoll zum Kampfeinsatz. Zudem stellte sie vorwiegend in den Bereichen Geschwindigkeit und Flughöhe zahlreiche Rekorde auf und es wurden Lizenzbaurechte an Australien sowie die USA vergeben.

Anfänglich wurde an einem Erfolg der Canberra gezweifelt, denn der Hersteller konnte kaum auf eigene Flugzeugkonstruktionen zurückblicken. Die Luftfahrtabteilung des Unternehmens English Electric produzierte bis zum Ende des II. Weltkrieges hauptsächlich Flugzeuge anderer Firmen und war ab 1960 Teil der British Aircraft Corporation (BAC). Für die Entwicklung der Canberra zeichnete sich ein Konstruktionsteam unter Leitung des Ingenieurs W.E.W. Petter verantwortlich, das mit den Arbeiten zu diesem Projekt 1944 begonnen hatte. Doch das ursprüngliche Konzept wurde stark verändert, welches dann schließlich in einen Kontrakt über vier Prototypen mündete. Der erste von ihnen unternahm am 13. Mai 1949 seinen Erst-

Flugzeugtyp	**Canberra B.2**
Verwendung	taktisches Bombenflugzeug
Besatzung	3
Triebwerk	zwei Rolls-Royce Avon 101 mit je 28,9 kN
Spannweite	19,51 m
Länge	19,96 m
Höhe	4,78 m
Flügelfläche	89,19 m²
Leermasse	10.072 kg
Startmasse max.	20.866 kg
Höchstgeschwindigkeit	917 km/h
Marschgeschwindigkeit	650 km/h
Dienstgipfelhöhe	14.630 m
Reichweite	4280 km
Bewaffnung	bis 2722 kg Bomben im Rumpfschacht

In der Royal Air Force war der Aufklärer Canberra PR.9 die am längsten und bis 2006 verwendete Variante, beachtenswert die feingliedrigen, aufgestellten Luftbremsen auf der Tragflügeloberseite. (Foto: Chris Lofting)

flug. Bereits im Juli folgte eine Erstorder über 132 Serienflugzeuge, im November flogen der zweite und der dritte Prototyp erstmals und im Dezember folgte die vierte Versuchsmaschine in die Flugerprobung. Diese vier hießen zunächst schlicht A.1, später Canberra B.1, während die ersten Serienexemplare ab 1951 als Canberra B.2 zur Auslieferung gelangten. Erstempfänger war die 101. Royal Air Force Squadron in Binbrook, wo zum Ende des Jahres die volle Staffelstärke von zehn Flugzeugen erreicht wurde. Die Auslieferung des neuen Bombers ging in den kommenden Jahren sehr zügig voran und zum Schluss waren es mehr als 30 Bomberstaffeln der Royal Air Force, welche die Canberra einsetzten. Der neuartige Strahlantrieb verursachte einige Unfälle bei unerfahrenen Piloten und es gab weitere Neuerungen, an die man sich gewöhnen musste. Andererseits führte das Ausbleiben des vorgesehenen Bombenzielradars zum Einsatz eines dritten Besatzungsmitglieds als Bombenschütze, der seinen Platz im Rumpfbug hinter einer verglasten Kanzel erhielt. Ein weiteres Konstruktionsmerkmal der Canberra war der mit geringer Streckung und fingerartigen Luftbremsen an der Hinterkante versehene Mitteldeckertragflügel. Ab den Triebwerken verjüngte sich das Tragwerk zu den Enden hin, wo man im Einsatz häufig Zusatztanks montierte.
Alle Versionen der Canberra ausführlich zu beschreiben würde den Rahmen sprengen, im Folgenden trotzdem eine Übersicht zu den wichtigsten Baureihen. Nach dem Bomber B.2 als Hauptserienversion folgte 1952 der Aufklärer Canberra PR.3 mit sieben Kameras und verlängertem Rumpfbug, danach der mit Doppelsteuer ausgerüstete Trainer T.4 in die Fertigung und ab 1954 in den Dienst. Vom Bomber Canberra B.5 gab es nur einen Prototyp, während die B.6 ab 1954 in Dienst gestellt wurde und über stärkere Strahlturbinen verfügte. In kleinerer Stückzahl und als Umbau erreichte zudem die Canberra B(I).6 die RAF, welche für Eindringeinsätze neben zwei Außenaufhängungen für Bomben oder Raketen im hinteren Teil des Waffenschachtes über vier 20-mm-Kanonen Hispano Mk.5 mit je 525 Schuss verfügte. Ebenfalls mit stärkeren Triebwerken ausgestattet war der Aufklärer PR.7, der dank eines höheren Kraftstoffvorrates auch über eine größere Reichweite verfügte. Die Canberra B(I).8 war als Bomber für Eindringeinsätze konzipiert und gelangte 1956 zur Auslieferung, hatte ein völlig neues, nach links versetztes Cockpit im Jagdflugzeugstil mit zwei neuen Martin-Baker-Schleudersitzen. Der im Rumpfbug untergebrachte Bombenschütze musste sich in Havariefällen auch weiterhin über eine Notausstiegsluke retten. Per Schleuderwurfverfahren konnte diese Version im Tiefflug Atombomben wie die britische »Red Beard« oder die amerikanische B43 und ab 1963 Luft-Boden-Raketen einsetzen. Mit nochmals stärkeren Avon-Triebwerken, einer veränderten Tragflächenstruktur

Diese Aufnahme zeigt sehr gut das Canberra-typische Tragwerk auf, das sich ab den Triebwerken zu den Enden hin stark verjüngt. (Foto: MOD)

VN799
VN799
VN799
VN799

Peru gehörte bis zum Jahr 2008 zu den Nutzern der Canberra. (Foto: Chris Lofting)

und Kabine in einem verlängerten Rumpf war der Höhenaufklärer Canberra PR.9 ausgestattet und versah seinen Dienst bei der RAF ab 1960. Mit ihr war die von mehreren Herstellern getragene Serienproduktion in Großbritannien nach insgesamt 925 Exemplaren beendet, in den folgenden Jahren entstanden aber weitere Varianten bis zur Mk.22-Baureihe durch vielerlei Umbauten, Modernisierungen und Verbesserungen. Manche wurden zu unbemannten Zieldrohnen (U.10, U.14), fungierten als Schleppflugzeuge (TT.18), als spezielle Schulmaschinen (T.11, T.17, T.19, T.22) oder Tiefflugbomber mit neuer Ausrüstung (B.15, B.16) und stellten Exportausführungen dar (z.B. B(I).12, T.13, B.20, T.21).

In Großbritannien wurden die letzten Bomberversionen zwischen 1969 und 1972 außer Dienst gestellt, andere wurden weiter betrieben. Tatsächlich versah der Trainer Canberra T.4 bis zum Jahr 2005 seinen Dienst bei der RAF, Aufklärer vom Typ PR.9 sogar noch ein Jahr länger. Auch die Royal Navy nutzte die Canberra, hier bis Anfang der 1990er-Jahre als Radartrainer und Zieldrohnen. Britische Canberras waren nicht nur in Großbritannien zuhause, sondern u.a. auch in der Bundesrepublik Deutschland, auf Malta oder Zypern stationiert. Verlegungen führten außerdem nach Australien, wo die Canberra als Lizenzausführung ihren Weg in die einheimische Luftwaffe fand. Die nahe Melbourne gelegene Government Aircraft Factory produzierte von 1953 bis 1958 insgesamt 48 Bomber B.2 als Canberra Mk.20 und rüstete später einige dieser Maschinen zu Trainern Mk.21 um. Noch Ende 1953 begann der Dienst bei der Royal Australian Air Force, der bis zum Juni 1982 andauerte.

Andere Abnehmer der Canberra gab es mit Argentinien, Äthiopien, Chile, Ecuador, Frankreich, Indien, Neuseeland, Peru, Rhodesien (Simbabwe), Schweden, Südafrika und Venezuela. In den USA wurden eigene Versionen als B-57 hergestellt und die Bundesrepublik Deutschland übernahm 1965 drei B.2-Exemplare. Diese gelangten zur Wehrtechnischen Dienststelle 61 in Manching, und wurden ähnlich den Canberras in Frankreich und Schweden für verschiedene Testreihen für Avionik-, Aufklärungs- und Feuerleitsysteme genutzt. Zur Kartografierung kamen Flüge mit Kameraausrüstung dazu. Erst im Jahr 1993 endete der Einsatz der Canberra offiziell in deutschen Diensten. Jahre zuvor gab es anderenorts hingegen zahlreiche Kampfeinsätze. Bereits 1956 wurden britische Canberra gegen Rebellen in Malaysia sowie im Suez-Krieg eingesetzt. Hier waren nicht weniger als 16 Staffeln mit dem Flugzeug beteiligt, B.2 und B.6-Maschinen attackierten bspw. ägyptische Fluglätze. Im indisch-pakistanischen Krieg 1965 flogen indische Canberras annähernd 300 Einsätze, auch bei Nacht und warfen rund 250 Tonnen Bomben ab. Im Dezember 1971 verfügte Indien über etwa 80 Canberras, die neben Aufklärungsmissionen auch zahlreiche Angriffseinsätze auf pakistanische Flugplätze, Industrie- und Hafenanlagen sowie Armeeverbände flogen. Mehrere Maschinen wurden dabei abgeschossen. Im Kargil-Konflikt 1999 ging eine weitere indische Canberra als Aufklärer verloren, als sie von einer pakistanischen Luftabwehrrakete abgeschossen wurde. Im Vietnamkrieg flogen australische Mk.20-Bomber als Teil des 35. Taktischen Kampfgeschwaders der US Air Force knapp 12.000 Einsätze beim Verlust von zwei Exemplaren, die Canberra kam zudem bei Kampfhandlungen im südlichen Afrika sowie von Äthiopien aus zum Kampfeinsatz und sie war Teil der Auseinandersetzungen im Falkland-Krieg 1982. Hier nutzte Großbritannien Canberra PR.9 zu Aufklärungszwecken, während argentinische Maschinen insgesamt 54 Einsätze absolvierten. Dazu gehörten Aufklärungsflüge sowie Angriffe auf die britische Eingreiftruppe, wobei zwei Exemplare abgeschossen wurden. Noch ab 2001 während der Operation »Enduring Freedom« führten britische Canberra PR.9 Aufklärungsflüge über Afghanistan durch.

Mit einem auffälligen Anstrich versehen, flog die bundesdeutsche Luftwaffe Canberra B.2, allerdings nicht als Bomber. Dieses Exemplar steht im Luftwaffenmuseum Berlin-Gatow. (Foto: Heiko Thiesler)

Speziell zur elektronischen Kampfführung entstand die Canberra T.17 mit einem auffällig umgestalteten Rumpfbug. Sie stand bis Oktober 1994 im Dienst der Royal Air Force. (Foto: Chris Lofting)

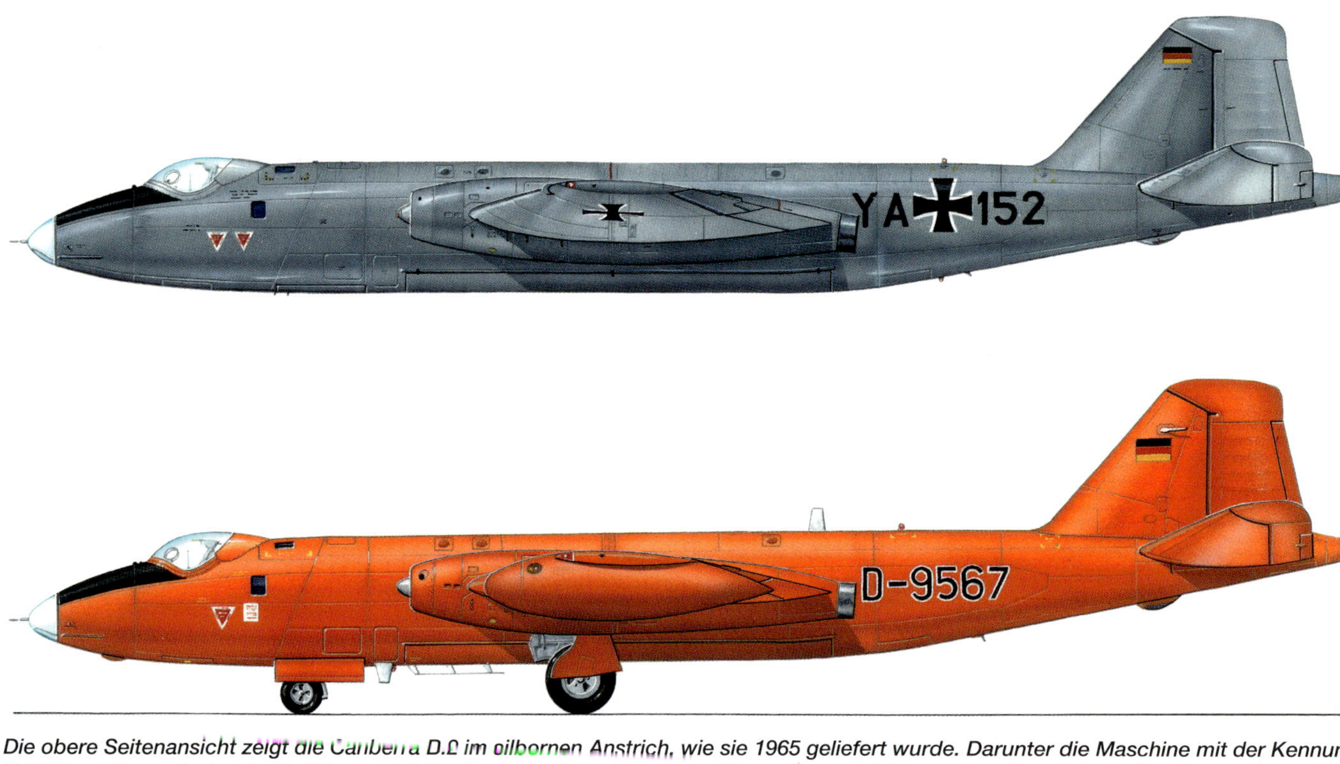

Die obere Seitenansicht zeigt die Canberra B.2 im silbernen Anstrich, wie sie 1965 geliefert wurde. Darunter die Maschine mit der Kennung D-9567, später geändert in 99+36 der DFVLR – Deutsche Forschungs- und Versuchsanstalt für Luft- und Raumfahrt. (Grafik: Manfred Meyer)

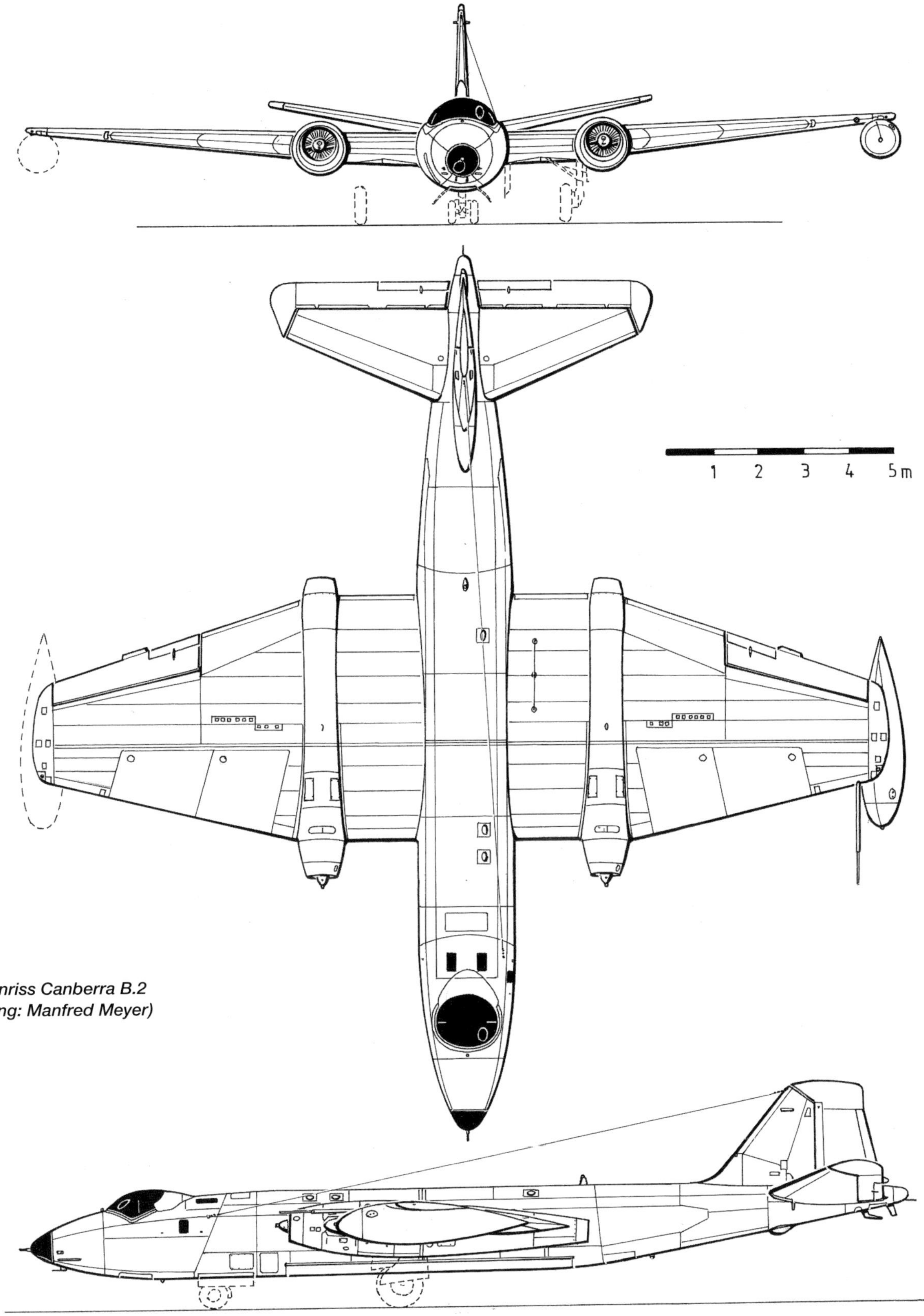

Dreiseitenriss Canberra B.2
(Zeichnung: Manfred Meyer)

Handley Page H.P. 80 Victor

Handley Page war ein traditionsreiches, bis 1970 existierendes Unternehmen, das im Bomberbau mit den zu Tausenden produzierten Typen Hampden und Halifax einige Erfahrung vorzuweisen hatte. Die Firma beteiligte sich ebenfalls im Zuge der B.35/46-Spezifikation an der Entwicklung eines strategischen Bombers für die sogenannte V-Force. Entsprechende Studien zu einem neuen Langstreckenbomber wurden bereits Mitte 1945 aufgenommen, die in aerodynamischer Hinsicht ähnlich der Avo Vulcan recht anspruchsvoll ausfielen. Für die Erprobung des außergewöhnlichen, später als »Sichelflügel« bezeichneten Tragwerks, dessen Pfeilung zu den Enden hin erheblich abnahm, wurde zunächst ein maßstäblich verkleinertes Versuchsflugzeug gebaut. Das begann seine Testflüge im Juni 1951, stürzte aber im August ab. Da befanden sich die beiden Prototypen des Bombers bereits im Bau und der erste nahm die Flugerprobung am 24. Dezember 1952 auf. Auch die verlief nicht problemlos und gipfelte ebenfalls im Absturz des ersten Versuchsmusters. Ein zweites erhielt nachfolgend Verbesserungen und ging ab September 1954 in die Flugerprobung. Weitere Änderungen kamen bei den Serienflugzeugen zur Anwendung, die schließlich ab Ende 1957 als Victor B.1 zuerst zur Umschulungsstaffel 232 gelangten, gefolgt von der Indienststellung beim ersten Einsatzverband, der No 10 Squadron in Cottesmore ab April 1958. Drei weitere Einsatzstaffeln folgten, eine in Cottesmore, zwei in Honington.

Die Victor besaß neben dem mächtigen Tragwerk weitere besondere Kennzeichen, zu denen ein T-Leitwerk in positiver V-Stellung oder ein voluminöser Vorderrumpf mit stromlinien-

Flugzeugtyp	**Victor B.2**
Verwendung	Langstreckenbombenflugzeug
Besatzung	5
Triebwerk	vier Rolls-Royce Conway 201 mit je 87,88 kN
Spannweite	36,58 m
Länge	35,03 m
Höhe	8,57 m
Flügelfläche	241,30 m²
Leermasse	41.473 kg
Startmasse max.	105.687 kg
Höchstgeschwindigkeit	1024 km/h
Marschgeschwindigkeit	955 km/h
Dienstgipfelhöhe	18.590 m
Reichweite	7360 km
Bewaffnung	bis 15.876 kg Bomben oder Marschflugkörper im Rumpfschacht

günstig eingearbeiteter Kanzel für die Piloten zählte. Die konnten ein ansehnliches Equipment nutzen inklusive einem aufgewerteten Navigations- und Bombenzielradar H2S Mk.9A, ergänzt um ein Dopplersystem, Radarhöhenmesser sowie Bombenvisier, ein Instrumentenlande- sowie Freund-Feind-Er-

Die Victor war ein beeindruckendes Flugzeug mit bemerkenswerten Konstruktionsmerkmalen wie dem sogenannten Sichelflügel, dem T-Leitwerk oder dem Vorderrumpf mit bündig abschließendem Cockpit. (Foto: Handley Page)

Mit einem gewaltigen Bremsschirm verkürzt diese Victor B.1 die Landestrecke. (Foto: Adrian Pingstone)

In der Tankerversion Victor K.2, hier im Bild, schaffte der ehemalige V-Bomber eine Dienstzeit bis ins Jahr 1993. (Foto: Paul Becks / US DoD)

kennungssystem, einen Radarwarnempfänger sowie Störsender. Die Bewaffnung konnte aus konventionellen oder nuklearen Freifallbomben bestehen, eine Luftbetankungsanlage über dem Cockpit verlängerte die Flugdauer. In Notfallsituationen konnten sich die beiden Piloten mit einem Schleudersitz katapultieren, die übrigen drei mussten sich mit einem Fallschirm über eine seitliche Tür retten. Gewaltige Lufteinlässe in den Tragflügelwurzeln versorgten die dahinter platzierten Strahlturbinen, zunächst gelangten vier Sapphire mit je 49 kN Schub zum Einbau. Die Hauptfahrwerke der Victor besaßen jeweils acht Räder zu vier Paaren, das Bugrad war doppelt bereift.

Schon bald nach Dienstantritt gab es Verbesserungen an den Bombern, 24 Exemplare erhielten als B.1A ein effizienteres System zur elektronischen Kampfführung im Heck, andere wurden zu Tankern umgerüstet. Inzwischen war nämlich die neue und leistungsfähigere Serienversion B.2 am Start, die erstmals im Februar 1959 flog. Die Victor B.2 erhielt eine verstärkte Struktur für die größeren und 3 m weiter spannenden Tragflügel, die in ihren Wurzeln wesentlich schubstärkere Triebwerke vom Typ Conway aufnahmen. Das machte wiederum größere Lufteinlässe erforderlich, zudem baute man zur Reduzierung des Luftwiderstandes an der Tragflügelhinterkante konische Verkleidungen (»Kuchemann«-Behälter) an. Das elektronische Abwehrequipment wurde umfangreicher, das später durch thermische Fackeln als Täuschkörper ergänzt wurde. Außerdem fand nun die Anbringung von Zusatztanks unter dem Tragwerk praktische Anwendung, ebenso die Bewaffnung mit dem Marschflugkörper »Blue Steel«. Hierzu fanden im australischen Woomera Testabwürfe mit dieser Waffe statt. Nach der Umschulungseinheit 232 wurden die Staffeln 100 und 139 ab 1962 mit der Victor B.2 ausgerüstet und in Wittering stationiert. Während 1963 einige B.1A-Maschinen im Malaysia-Konflikt Tiefflugbombeneinsätze realisierten, wurde im gleichen Jahr auch die letzte Victor B.2 produziert. Ein weiteres Baulos wurde gestrichen, sodass diese Variante mit insgesamt 34 Exemplaren den kleineren Teil aller 86 gebauten Victor darstellte. Einige wurden zu strategischen Aufklärern SR.2 umgerüstet, die eine beachtliche Einsatzflughöhe von 21.300 m erreichten, andere wurden zu Tankern und mit Victor K.2 bezeichnet. Nachdem Handley Page 1970 bankrott gegangen war, übernahm diese Umrüstung Hawker Siddeley. Mehrere dieser Tankflugzeuge kamen im Falkland-Krieg 1982 sowie im Golfkrieg 1991 zum Einsatz, bis im Oktober 1993 die letzte Victor ausgemustert wurde. Im Einsatz hatte sich der Bomber mit herausragenden Flugeigenschaften als leistungsstark erwiesen und war bei Piloten und Wartungspersonal gleichermaßen beliebt. Als letzter der V-Bomber in Dienst gestellt, endete sein Einsatz auch als letzter.

Vickers Valiant

Flugzeugtyp	Valiant B.1
Verwendung	Langstreckenbombenflugzeug
Besatzung	5
Triebwerk	vier Rolls-Royce Avon 204 mit je 44,5 kN
Spannweite	34,85 m
Länge	32,99 m
Höhe	9,80 m
Flügelfläche	219,43 m²
Leermasse	34.419 kg
Startmasse max.	79.378 kg
Höchstgeschwindigkeit	912 km/h
Marschgeschwindigkeit	890 km/h
Dienstgipfelhöhe	16.460 m
Reichweite	7240 km mit Zusatztanks
Bewaffnung	bis 9525 kg Bomben im Rumpfschacht

Die Valiant flog als erster der sogenannten V-Bomber, wurde allerdings auch als erster wieder aus dem Dienst gestellt. Im Nachhinein galt sie unter den drei Bombern als am wenigsten aufregend, stellte aber für gut ein Jahrzehnt ein solides Einsatzmuster dar.

Vickers konnte ab Ende der 1940er-Jahre am schnellsten einen brauchbaren Entwurf liefern, konzipierte einen Schulterdecker mit Tragflächen, die im ersten Drittel erheblich stärker gepfeilt waren. Die Tragflächen erhielten Querruder an der Hinterkante und Bremsklappen an der Unterseite, konnten außerdem zwei große Zusatztanks mit je 7480 Liter Fassungsvermögen aufnehmen. In den Tragflächenwurzeln befanden sich die Lufteinlässe für die vier Strahltriebwerke, seitlich davon fanden auch die Hauptfahrwerksbaugruppen Platz. Die waren wie das ebenfalls vollständig einziehbare Bugrad jeweils doppelt bereift. Der Rumpf nahm den internen Kraftstoff in fünf gepanzerten Tanks, die aus Bomben bestehende Bewaffnung sowie die Besatzung in einer Druckkabine auf. Wie bei den nachfolgenden V-Bombern verfügten auch hier nur die beiden Piloten über Schleudersitze. Hauptbestandteil der Avionik war ein H2S-Radar, das im Kampfeinsatz von einem Bombenzielgerät unterstützt wurde, im Heck integrierte man zudem ein Radarwarngerät.

Der erste Prototyp wurde 1951 fertig gestellt und machte am 18. Mai seinen Erstflug. Wegen einer Triebwerksfehlfunktion ging er Anfang des Folgejahres verloren, sodass ab Februar 1952 ein zweites Versuchsmuster die Flugerprobung über-

Der zweite Prototyp der Valiant ist hier während der Farnborough Air Show 1952 zu sehen, der Einsatz des Bombers bei der Royal Air Force begann drei Jahre später. (Foto: Sammlung Johan Visschedijk)

nahm. Inzwischen hieß der Bomber Valiant und flog in der Serienkonfiguration im Dezember 1953 zum ersten Mal. In der Umschulungsstaffel 232 wurden die Crews ab 1955 auf den Bomber trainiert, zur ersten Einsatzstaffel wurde im selben Jahr No 138 Squadron in Gaydon. Sieben weitere Staffeln erhielten den Bomber Valiant B.1 plus zwei Einheiten, die das Flugzeug zur Aufklärungszwecken sowie zur elektronischen Kampfführung nutzten. Schon Ende 1956 standen vier Staffeln mit der Valiant auf Malta bereit, um in den Suez-Krieg einzugreifen. Von Malta aus flogen nicht weniger als 24 dieser Bomber zusammen mit Canberras der Royal Air Force mehrere Angriffswellen, warfen etwa 850 Tonnen Sprengbomben aus großer Höhe von über 12.000 m ab und konnten dabei mehrere abgestellte Flugzeuge der ägyptischen Luftwaffe zerstören. Ebenfalls 1956 warf eine Valiant im Oktober erstmals eine britische Atombombe über dem australischen Testgelände Maralinga ab. Im Mai des nächsten Jahres realisierte eine Valiant auch den ersten Abwurf einer britischen Wasserstoffbombe, diesmal über dem Pazifik.

Einige der insgesamt 107 Valiant baute Vickers als Tanker B(K).1 oder Aufklärer B(PR).1 sowie in der Doppelfunktion mit der Versionsbezeichnung B.PR(K).1. Außerdem wurde die speziell für Tiefflugeinsätze gedachte Valiant B.2 im September 1953 erstmalig geflogen, die mit besseren Triebwerken, verstärkter Zellenstruktur und höheren Leistungen auftrumpfte, aber letztlich nicht vom Bomber Command der Royal Air Force übernommen wurde. Die Valiant B.1-Bomber verfügten gegenüber den anderen V-Bombern über eine wesentlich geringere Einsatzflughöhe und galten daher als verwundbarer, sodass diese Maschinen zunehmend mit Tiefflugeinsätzen betraut wurden. Aufgrund der unzureichenden Festigkeit der Flugzeugzelle führte das zu frühzeitigen Materialermüdungen und deshalb auch zur Ausmusterung der Valiant zum Jahresende 1964.

Die Valiant war der erste in der V-Force und warf als erster britischer Bomber eine Atombombe ab. Dieses Exemplar trägt große Zusatztanks unter den Tragflächen. (Foto: BAE Systems)

Typisch für die damalige Zeit war ein weißer Anstrich, der den Explosionsblitz einer Atombombe reflektieren sollte. (Foto: BAE Systems)

Der Tarnanstrich dieser Valiant B.1 deutet auf den Wechsel im Einsatzschema auf Tiefflug-Eindringeinsätze ab Anfang der 1960er-Jahre hin. Die daraus resultierende Beanspruchung führte 1964 zur Außerdienststellung des Bombers. (Foto: Adrian Pingstone)

Sowjetunion/Russland

Iljuschin Il-28

Das nach seinem Gründer benannte Konstruktionsbüro Iljuschin entwickelte nach 1945 vor allem Verkehrs- und Transportflugzeuge, erlangte zuvor bereits durch das Schlachtflugzeug Il-2 »Sturmowik« einen großen Bekanntheitsgrad. Die einmotorige Il-2 gehört bis heute zu den meist gebauten Flugzeugen überhaupt, mit der Il-28 entstand hingegen der einzige in Serie gefertigte Strahlbomber Iljuschins. Doch auch die Il-28 glänzt mit einem Superlativ, denn weltweit wurde von keinem anderen strahlgetriebenen Bombenflugzeug eine so hohe Stückzahl, die allein in der Sowjetunion 6316 Stück betrug, aufgelegt.

Die Entwicklung der Il-28 begann in Eigeninitiative, die durch die Verfügbarkeit des britischen Strahltriebwerks Rolls-Royce Nene begünstigt wurde. Zwei solcher Aggregate trieben auch den Prototyp zu seinem Erstflug am 8. Juli 1948 an, bei dem ein gutes Flugverhalten aufgezeigt wurde. Auch die Benutzung von Graspisten bei Start und Landung verliefen unproblematisch und waren für einen taktischen Bomber klar von Vorteil. Der Ende 1948 erstmals geflogene zweite Prototyp verwendete den sowjetischen Nachbau des Nene-Triebwerks als RD-45 zum Antrieb, ebenso die frühen Serienmaschinen. Später gelangte dann die Weiterentwicklung WK-1 als Triebwerk zum Einbau. Die Serienproduktion der Il-28 lief im September 1949 an und wurde nachfolgend auf vier Werke in Moskau, Woronesch, Omsk und Irkutsk verteilt. Die erste Staffel mit der Il-28 stellte die sowjetische Luftwaffe im Moskauer Verteidigungsdistrikt auf, die umfangreichen Lieferungen ließen den Bomber während der 1950er-Jahre zum wichtigsten taktischen Angriffsflugzeug des riesigen Landes werden. So waren Anfang 1955 mehr als 1600 Il-28 Bestandteil von 30 taktischen Bombenfliegerregimentern. Zwischenzeitlich hatte auch die sowjetische Marine den zweistrahligen Jet in Dienst gestellt, ab 1951 zuerst beim 943. Regiment der Schwarzmeerflotte.

Die NATO nannte die Il-28 »Beagle«, die ab März 1950 erprobte Trainerversion Il-28U wurde mit »Mascot« bezeichnet. Die Il-28U fiel durch ein zusätzliches Cockpit, stufenförmig hinter dem ersten, auf und besaß weder Radar noch Bewaffnung. Auch sie gelangte bei zahlreichen Verbänden der sowjetischen Streitkräfte in den Dienst und wurde letztendlich länger als die Bombermodelle geflogen. Kurz nach dem Trainer erschien auch der Aufklärer Il-28R, den man gut an den

Flugzeugtyp	Il-28
Verwendung	taktisches Bombenflugzeug
Besatzung	3
Triebwerk	zwei Klimow WK-1 mit je 26,46 kN
Spannweite	21,45 m
Länge	17,65 m
Höhe	6,70 m
Flügelfläche	60,80 m²
Leermasse	12.890 kg
Startmasse max.	23.200 kg
Höchstgeschwindigkeit	902 km/h
Marschgeschwindigkeit	770 km/h
Dienstgipfelhöhe	12.300 m
Reichweite	2130 km
Bewaffnung	zwei 23-mm-MK NR-23 mit je 100 Schuss im Bug, zwei 23-mm-MK NR-23 mit je 225 Schuss im Heck sowie bis 3000 kg Bomben, Torpedos, Minen im Rumpfschacht

Flügelspitzentanks erkennen konnte. Hier gab es Ableitungen für die elektronische Aufklärung sowie zur elektronischen Kampfführung. Des Weiteren wurde der Torpedobomber Il-28T bei der sowjetischen Marine ab 1953 eingesetzt, der Torpedos wie den RAT-52, Minen der AMD-Baureihe oder die über Funk gesteuerte Gleitbombe UB-2F verwenden konnte. Zur Bekämpfung von U-Booten wurde die ähnliche Il-28PL entwickelt, die geplante Einführung in den U-Boot-Abwehrregimentern aber schließlich nicht durchgeführt. Speziell zum Einsatz taktischer Nuklearwaffen wie der RDS-4-Bombe mit 30 kT Sprengkraft und mit modifizierter Avionikausstattung wurde die Il-28N (auch Il-28A genannt) hergestellt. Diese Variante spielte auch eine Rolle während der Kubakrise 1962, als

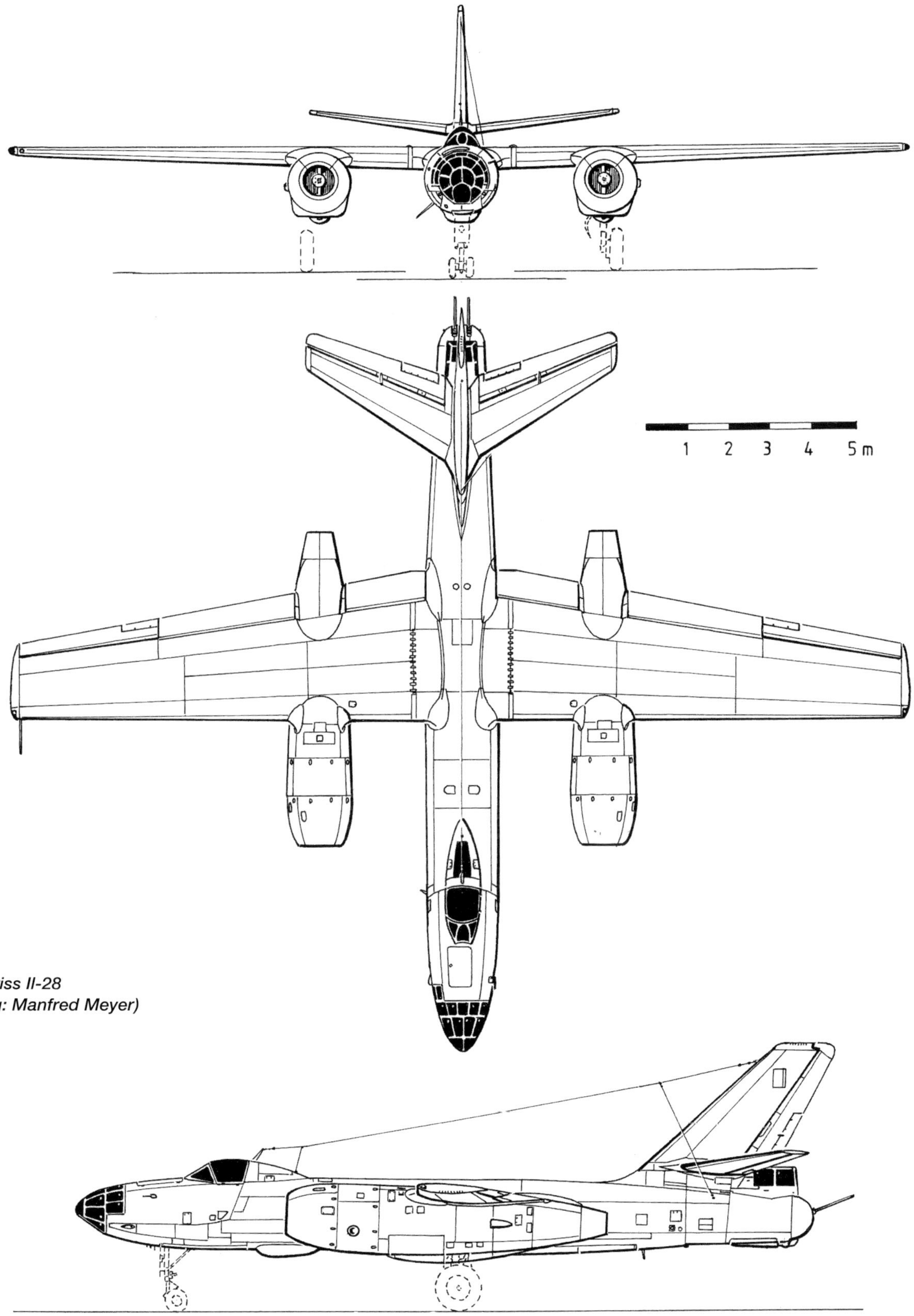

Dreiseitenriss Il-28
(Zeichnung: Manfred Meyer)

In den 1950er-Jahren stellte die Il-28 den wichtigsten Typ der taktischen Bombenfliegerkräfte in der Sowjetunion dar und wurde in gewaltigen Stückzahlen eingesetzt.

kurzzeitig 42 dieser Maschinen auf den Inselstaat verlegt wurden. Neben der Il-28BM als Zielschlepper sowie Umbauten zu Zieldrohnen existierten zahlreiche Exemplare, die verschiedenen Testzwecken und der Erprobung von Triebwerken, Radargeräten oder Waffensystemen dienten. Sogar im zivilen Bereich erfolgte ein Einsatz des Flugzeugs. Bei den sowjetischen Streitkräften erfolgte in den 1960er-Jahren die Ablösung durch modernere, überschallschnelle Muster. Neben der Sowjetunion baute auch die Tschechoslowakei eine kleinere Anzahl der Il-28 in Lizenz, wogegen in China die unlizenzierte Ausgabe als H-5, international B-5, produziert wurde. China hatte in den 1950er-Jahren die Il-28 aus der damaligen Sowjetunion bezogen und schätzte die Eigenschaften des Bombers. Durch die Verschlechterung der Beziehungen zwischen beiden Ländern kam eine willkommene Lizenzvereinbarung aber nicht zustande. Die gemachten Erfahrungen im Einsatz und in der Wartung der Flugzeuge begünstigten den Entschluss zum Nachbau, entsprechende Arbeiten dazu begannen 1963. Im September 1966 flog erstmals ein chinesisches Exemplar und im Folgejahr lieferte die Harbin Aircraft Factory die ersten H-5 an die landeseigenen Streitkräfte. Die H-5 wurde im Bereich der Tragflügel modifiziert und leichter gebaut, der Abwehrstand wurde durch einen DK-7 mit zwei schneller feuerenden AM-23-Kanonen ersetzt, der eigentlich von der Tu-16 stammt und auch von der chinesischen Lizenzausgabe H-6 verwendet wurde. Andererseits wurden die beiden Bordkanonen im Rumpfbug entfernt, es gab Änderungen in der Bordelektronik und den Zielerfassungssystemen. Die Triebwerke wurden in Shenyang nachgebaut. Die Fertigung der H-5 lief bis in die 1980er-Jahre und ergab mehrere Hundert Exemplare, die bei Luftwaffe und Marine eingesetzt wurden. Hierzu gehörten wiederum Varianten als Trainer (HJ-5), als Aufklärer (HZ-5), zur elektronischen Kampfführung (HD-5) sowie zu Testzecken. Einige H-5/HJ-5 wurden auch an Albanien und Rumänien verkauft. Weltweit kommen Afghanistan, Algerien, Ägypten, Bulgarien, die DDR, Finnland, Indonesien, Irak, Jemen, Kambodscha, Marokko, Nigeria, Nordkorea, Polen, Somalia, Syrien, Ungarn und Vietnam als Nutzer der Il-28 hinzu. In der früheren DDR wurden ab Ende

Der Prototyp des Trainers Il-28U flog 1950 zum ersten Mal, die Bewaffnung wurde entfernt, der Rumpfbug war verkleidet und ein zusätzliches Cockpit installiert. (Bild: Ilyushin UAC)

Die Seitenansicht ganz oben zeigt die chinesische Ausführung der Il-28 als H-5 im Dienst der rumänischen Luftwaffe, darunter eine Il-28R der finnischen Luftwaffe als Aufklärer, später als Zielschlepper mit Schleppvorrichtung am Heck sowie mit Tragflügelspitzentanks ausgerüstet. Im Tarnschema darunter eine Maschine der ehemaligen DDR-Luftstreitkräfte aus dem Jahr 1982 und kurz vor ihrer Außerdienststellung sowie ganz unten ein Trainer Il-28U der ungarischen Luftwaffe 1969. (Grafik: Manfred Meyer)

Ganz oben eine zivil registrierte Il-28R, die ab 1959 das in der DDR entwickelte Strahltriebwerk Pirna 014 unter dem Rumpf aufnahm und in 211 Flügen testete. Darunter mit der taktischen Kennziffer »205« eine Il-28 der Zieldarstellungsstaffel 21 der ehemaligen DDR-Luftstreitkräfte zu Anfang der 1960er-Jahre, dann mit zusätzlicher Kanzel ein Trainingsflugzeug Il-28U sowie ganz unten ein Zielschlepper Il-28R ohne Heckbewaffnung. (Grafik: Manfred Meyer)

der 1950er-Jahre zehn Il-28 inklusive eines Trainers mit Doppelsteuerung in Dienst gestellt, welche aber nicht als Bomber, sondern als Zielschlepper und zu Erprobungszwecken (auch des ostdeutschen Pirna 014-Strahltriebwerks) eingesetzt wurden. Ihr Dienst in den DDR-Luftstreitkräften endete 1982.

Die Il-28 flog in ihrer Einsatzlaufbahn auch zahlreiche Bombereinsätze auf mehreren Kriegsschauplätzen. Ägypten nutzte das Flugzeug zu vereinzelten Attacken im Suez-Krieg 1956, wenngleich nur eine geringe Einsatzbereitschaft vorhanden war. Um der Zerstörung durch feindliche Kampfflugzeuge zu entgehen, wurden die meisten auf weiter vom Gegner entfernte Stützpunkte im Inland sowie nach Saudi-Arabien verlegt. Doch schon im nächst größeren Konflikt, dem Sechs-Tage-Krieg 1967 wurde der Großteil durch israelische Bombardements am Boden zerstört und die ägyptischen Il-28 wiederum nur zu vereinzelten Aktionen genutzt. Im Konflikt mit Taiwan griff China mit Il-28-Bombern die Tachen-Inselgruppe an, weitere Kampfeinsätze erfolgten in Afrika, Afghanistan und auch in Südostasien. Nordvietnam verfügte über mehr als ein Dutzend Il-28, die hauptsächlich zu Trainingszwecken genutzt wurden. Zwei der Bomber führten am 9. Oktober 1972 einen Angriff auf einen US-Stützpunkt in Laos durch, warfen dabei je acht Clusterbomben mit 1500 Bomblets ab und richteten mehrere Brände und Zerstörungen an. Einige Jahre später verwendeten auch die Roten Khmer in Kambodscha den Typ zu Attacken auf oppositionelle Verbände.

Die in Ganzmetall gefertigte Il-28 war im Allgemeinen beim fliegenden Personal, aber auch bei Technikern gut angesehen, galt als zuverlässig und leicht zu steuern. Die Radarausrüstung konnte allerdings nicht ganz überzeugen. Hier kam ein PSBN-M zum Einbau, das mehrfach mit Fehlfunktionen zu kämpfen hatte. Es wurde durch ein Bombenzielgerät ergänzt, ferner gehörten Funkhöhenmesser, Kommunikationsequipment, Freund-Feind-Erkennungsgerät und ein Instrumentenlandesystem zu den Hauptbestandteilen der Avionik. Der im verglasten Rumpfbug untergebrachte Navigator sowie der Pilot in seiner separaten Kanzel hatten Schleudersitze, der auch als Bordschütze tätige Funker musste sich im Notfall mit einem Fallschirm aus einer Bodenluke fallen lassen. Die im Rumpfbug installierten Kanonen konnten Angriffszwecken sowie der Selbstverteidigung dienen, das drehbare, mit beweglichen Kanonen ausgerüstete und über den Heckstand bediente Zwillingsgeschütz stellte das erste von der Sowjetunion gebaute mit Fernsteuerung dar. Direkt darüber verfügte der Bordschütze/Funker über eine Glaskanzel, auch ein Bremsschirm fand im Heck Platz. Die Tragflächen der Il-28 waren an der Vorderkante gerade, die Leitwerksflächen waren dagegen gepfeilt. Die übliche Bombenlast betrug meistens 1000 kg, zwei an den Rumpfseiten befestigte Starthilfsraketen konnten die Startstrecke verkürzen. Das Bugrad war doppelt bereift, die beiden Hauptbaugruppen verfügten über je ein Rad und zogen in die Triebwerksgondeln ein.

Eine in China gebaute und von der rumänischen Luftwaffe geflogene H-5 zeigt ganz klar, dass sie im Gegensatz zum Original über keine Kanonen im Rumpfbug verfügt. (Foto: Chris Lofting)

Mjassischtschew M-4 / 3M

Die Mjassischtschew M-4, mitunter auch »Molot« (dt. der Hammer) und von der NATO »Bison« genannt, war eines der gewaltigsten Bombenflugzeuge überhaupt und wurde ursprünglich als Gegenstück zur amerikanischen B-52 entwickelt. Trotz der ausgefeilten Konstruktion erreichte sie aber nicht deren Leistungen und Stückzahlen und ist im Gegensatz zur B-52 schon seit Jahren außer Dienst gestellt. Nach der Atombombe waren Langstreckenbomber mit interkontinentaler Reichweite ein weiterer Schritt im Wettrüsten zwischen den USA und der Sowjetunion. Die USA besaß die B-36, die B-47 leitete das Jet-Zeitalter beim Strategic Air Command ein und die Entwicklung der noch größeren B-52 hatte begonnen, während die Sowjetunion zu jenem Zeitpunkt lediglich die Tu-4 als Kopie der B-29 für Langstreckeneinsätze besaß. Auch deren Weiterentwicklungen zeigten, dass die Zeit des Kolbenmotorantriebs vorbei und die Zeit für neue Konzepte reif war. Staatsoberhaupt J.W. Stalin persönlich gab 1949 die Weisung zur Entwicklung eines Bombers heraus, der über den Nordpol kommend, Ziele in den USA erreichen konnte, ab 1951 kam die Forderung nach einem Gegenstück zur B-52 dazu. Während sich Tupolew mit der Entwicklung des Turbopropmusters Tu-95 beschäftigte, schlug Wladimir Mjassischtschew einen strahlgetriebenen Bomber vor. Sein Konstruktionsbüro war im März 1951 wiedereröffnet worden und widmete sich nun der Entwicklung des ersten sowjetischen strategischen Bombers mit Strahlantrieb. Es entstand ein beeindruckendes Flugzeug, das mächtige Schulterdeckertragflügel großer Streckung erhielt. Die Pfeilung der Tragflügel verringerte sich von 37,3 auf 34,5 Grad zu den Enden hin, die Außenstücke erhielten elastische Torsionskästen, um die Nachteile der Triebwerksanordnung in den Wurzeln in Bezug auf Masse auszugleichen. Sie konnten sich somit stark durchbiegen und verhalfen zu guten Flugeigenschaften. Je zwei Mikulin-Turbinen vom Typ AM-3 befanden sich auf jeder Seite der verdickten Tragflügelwurzeln und waren vom Rumpf abgewinkelt. Der Rumpf nahm normal 5000 kg Bomben auf, maximal waren aber bis zu 24.000 kg möglich. So konnten auch zwei riesige FAB-9000 geladen werden, andere Bewaffnungsvarianten stellten Minen und Torpedos dar. Hinter dem Bombenschacht sowie im oberen Rumpf befanden sich gepanzerte Treibstofftanks mit über 130.000 Liter Fassungsvermögen. Im mit einem verglasten Bug versehenen Vorderrumpf war der größte Teil der Besatzung in einer Druckkabine untergebracht, zudem gab es eine weitere Druckkabine im bemannten Abwehrstand im Heck. Die gesamte Crew verfügte über Schleudersitze, die in Notsituationen nach unten aus dem Flugzeug katapultiert wurden. Neben der 23-mm-Zwillingskanone im Heck gab es vier weitere AM-23-Geschütze paarweise auf Drehtürmen, zum Selbstschutz dienten außerdem Täuschkörperwerfer. Eine Besonderheit stellte das Tandemfahrwerk dar, wobei beide Hauptbaugruppen über je vier Räder verfügten. Das vordere Fahrwerk

Flugzeugtyp	**M-4**
Verwendung	Langstreckenbombenflugzeug
Besatzung	7
Triebwerk	vier Mikulin RD-3M mit je 93,2 kN
Spannweite	50,53 m
Länge	47,67 m
Höhe	11,45 m
Flügelfläche	326,35 m²
Leermasse	79.700 kg
Startmasse max.	184.500 kg
Höchstgeschwindigkeit	947 km/h
Marschgeschwindigkeit	860 km/h
Dienstgipfelhöhe	11.000 m
Reichweite	9800 km
Bewaffnung	je zwei 23-mm-MK AM-23 mit je 300 Schuss auf und unter dem Rumpf, zwei 23-mm-MK AM-23 mit je 400 Schuss im Heck sowie bis 24.000 kg Bomben, Minen, Torpedos im Rumpfschacht

Ein Tanker 3M[illegible] im Landeanflug. Gut zu sehen das Tandemfahrwerk und das gewaltige Tragwerk des Flugzeugs. (Foto: Sammlung Manfred Meyer)

Im Kalten Krieg gehörten Begegnungen strategischer Bomber und Aufklärer, hier einer 3M der sowjetischen Fernflieger, mit NATO-Kampfflugzeugen, wie dieser F-14 der US Navy, zum Alltag. (Foto: National Museum of Naval Aviation Pensacola)

Die »Bison« brauchte großen Platz auf Stellflächen und Pisten, für Start und Landung benötigte man Längen von 1700 bis 3000 Meter. Hierfür stand ein Tandemfahrwerk mit seitlichen Stützrädern zur Verfügung. (Foto: Andrej Nowoshilow)

besaß ein ausfahrbares Federbein, dessen Hydraulikdämpfer mit wachsender Rollgeschwindigkeit entlastet wurde, den Bug anhob und somit den Anstellwinkel des Tragwerks beim Start vergrößerte. Zusätzliche Stützräder gab es an den Enden des Tragwerks. Zur Bordelektronik zählten u.a. ein RBP-4-Radar, das im Waffeneinsatz von einem Bombenzielgerät OPB-11 unterstützt wurde. Im Navigationsmodus kamen Dopplergerät, Funkhöhenmesser und Radionavigation hinzu, Allwettereinsätze bei Tag und Nacht stellten kein Problem dar.

Nur 22 Monate nach Wiedereröffnung des Mjassischtschew-Konstruktionsbüros begann der erste Prototyp der M-4 am 20. Januar 1953 mit der Flugerprobung. Ein zweiter flog 1954 und im selben Jahr lief noch die Serienfertigung an. Auf der Luftwaffenbasis Engels wurden mit dem 1096. und dem 1230. Schweren Bomberregiment zwei neue Verbände für den Einsatz der M-4 bei den sowjetischen Fernfliegern aufgestellt. Bald nach der Indienststellung ging man erste Modifikationen an, die letztlich in einem beinah völlig neuen Flugzeug gipfelten. So wurde der Rumpfbug verlängert und mit einer Nachtankvorrichtung ausgestattet, das überarbeitete Tragwerk besaß nun eine 3 m größere Spannweite und 25 m² mehr Flügelfläche, das Höhenleitwerk war nicht mehr angewinkelt, sondern gera-

Für den Transport extrem sperriger Lasten innerhalb des sowjetischen Raumfahrtprogramms erlebten zwei Maschinen als WM-T Atlant eine zweite Karriere. Dieses Exemplar trägt eine 15.000 kg schwere und 3GT genannte Nutzlast auf dem Rumpfrücken. (Foto: T. Lesnik)

de und es sollten künftig stärkere Triebwerke zum Einbau gelangen. Zunächst waren dies modifizierte Aggregate unter der Bezeichnung RD-3M, später folgten neue Dobrynin WD-7 mit nahezu gleicher Schubleistung, aber weniger Verbrauch. Der Einbau erforderte allerdings Umstrukturierungen an der Flugzeugzelle. Die Produktion wurde 1956 auf die neue M-6 umgestellt, die unter der Dienstbezeichnung 3M bekannt wurde. Sie waren zuerst auf der Ukrainka-Luftwaffenbasis im fernen Osten des Landes stationiert und Teil des 40. sowie 79. Schweren Bombenfliegerregiments. Unterschiede im Antrieb führten dann zu den Versionsbezeichnungen 3MS-1 und 3MN-1, 1960 kam noch eine kleine Stückzahl 3MD dazu. Sie sollten als Bewaffnung neuartige Marschflugkörper tragen, deren Entwicklung aber abgebrochen wurde und die Flugzeuge somit wieder als reine Bomber mit Freifallwaffen zum Einsatz gelangten. Auch wurde stetig an Verbesserungen gearbeitet, um dem Bomber eine hohe Sicherheit, höhere Reichweite und Verfügbarkeit zu verleihen. Für Eindringeinsätze wurden niedrige Flughöhen favorisiert, die natürlich der Struktur hart zusetzten und man empfahl den Umbau zu Tankflugzeugen. Die neueren Baureihen besaßen ein Startgewicht von 193.000 kg, die Umrüstung zu Tankern gestaltete sich unproblematisch und sie erlangten mit rund 11.000 km eine größere Reichweite. Zu Tankern umgerüstete Maschinen hießen dann 3MS-2 und 3MN-2, mit zwei abwerfbaren 6500-l-Zusatztanks unter den Tragflächen konnten sie sogar auf über 200.000 kg Startmasse kommen. Einige davon waren bis zum Dienstende im März 1994 im Einsatz.

Auch wenn die die Leistungen der »Bison« nicht an die der (späteren) B-52 heranreichten, war sie ein beeindruckendes Muster. Eine offiziell »103M« genannte M-4 flog mit 27.000 kg Zuladung auf einer geschlossenen 1000-km-Kreisbahn einen Geschwindigkeitsrekord von 1028 km/h. Ein anderes, offiziell »201M« genanntes Exemplar stellte insgesamt 19 Weltrekorde auf, so im September 1959, als diese Maschine 55.000 kg Nutzlast auf eine Höhe von 13.121 m schleppte. Spektakulär war auch der Umbau von drei Flugzeugen zur 3MT, später WM-T Atlant genannt. Eine diente dabei statischen Tests, die anderen beiden wurden ab 1981/82 im Flug erprobt. Die WM-T transportierte extrem sperrige Lasten inklusive Teile des sowjetischen Energija/Buran-Raumtransportersystems auf dem Rumpfrücken. Im Januar 1982 wurde erstmals versuchsweise eine Nutzlast transportiert und 150 Einsätze folgten.

Von allen M-4 / 3M-Modellen verließen insgesamt 116 Exemplare den Herstellerbetrieb in Moskau.

Die obere Ansicht zeigt einen strategischen Bomber M-4 mit geöffnetem Bombenschacht Ende der 1950er-Anfang der 1960er-Jahre. Darunter der vordere Rumpfabschnitt verdeutlicht den abgeänderten Rumpfbug eines 3MD-Bombers. Ganz unten eine 3M aus den 1970er- und 1980er-Jahren im Dienst der sowjetischen Fernflieger. (Grafik: Manfred Meyer)

Oben eine WM-T mit der 0GT genannten Nutzlast, die aus dem Orbiter der sowjetischen Raumfähre Buran besteht und mit 45.300 kg Gewicht die schwerste darstellt. Unten trägt die WM-T eine aus dem Treibstofftank der Energija-Trägerrakete bestehende Nutzlast unter dem Namen 1GT. (Grafik: Manfred Meyer)

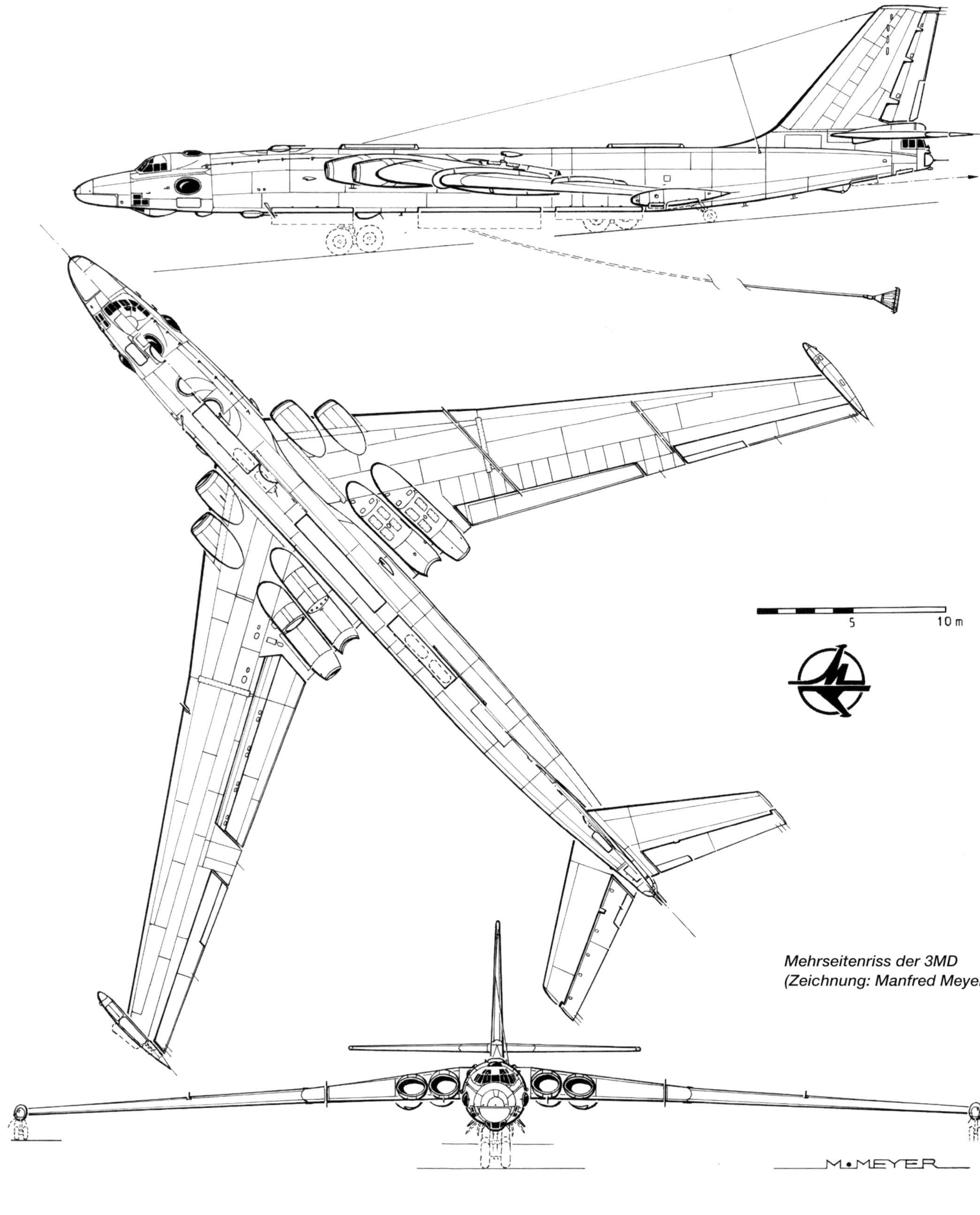

Mehrseitenriss der 3MD (Zeichnung: Manfred Meyer)

Tupolew Tu-4

Die Tu-4 kann man als »Superfortress-Superkopie« bezeichnen, denn sie stellte den nahezu perfekten Nachbau der amerikanischen Boeing B-29 dar.
Zum Ende des II. Weltkrieges mangelte es der sowjetischen Luftwaffe nicht nur zahlenmäßig, sondern auch qualitativ an zeitgemäßen Bombern für echte Langstreckeneinsätze. Nachdem drei B-29 im Laufe des Jahres 1944 im fernen Osten der Sowjetunion notlanden mussten, diese behelfsmäßig repariert und nach Moskau überführt wurden, analysierte man sie sehr ausgiebig. Dazu wurde mindestens eins der Flugzeuge vollständig demontiert und mehr als 1000 technische Zeichner erstellten Pläne zum Nachbau. Bei diesem beispiellosen Unternehmen wurden über 105.000 Teile auf das metrische System umgewandelt. Die Doppelsternmotoren wurden von Schwezow entwickelt, aber mit Turboladern amerikanischer Bauart versehen. Ein einziehbares »Kobalt«-Zielradar für den Bombenabwurf wurde vom amerikanischen AN/APQ-13 abgeleitet und später zwischen die beiden Waffenschächte installiert. Form und Abmessungen des in Ganzmetall gefertigten Mitteldeckers blieben gleich inklusive des verglasten und zugleich stark verstrebten Rumpfbugs. Die Abwehrbewaffnung auf den Drehtürmen sowie im bemannten Heckstand wurde durch sowjetische Schusswaffen ersetzt, zunächst vom Kaliber 20, später 23 mm.

Flugzeugtyp	**Tu-4**
Verwendung	Langstreckenbombenflugzeug
Besatzung	10
Triebwerk	vier Schwezow Asch-73TK mit je 1765 kW
Spannweite	43,05 m
Länge	30.18 m
Höhe	8,46 m
Flügelfläche	161,70 m²
Leermasse	36.850 kg
Startmasse max.	63.600 kg
Höchstgeschwindigkeit	558 km/h
Marschgeschwindigkeit	370 km/h
Dienstgipfelhöhe	11.200 m
Reichweite	6200 km
Bewaffnung	auf vier Drehtürmen auf und unter dem Rumpf sowie im Heck je zwei 23-mm-MK NR-23 sowie bis 12.000 kg Bomben im Rumpfschacht

Bau und Einführung der Tu-4 in großen Stückzahlen brachten die sowjetische Luftfahrtindustrie und die Fernfliegerkräfte gleichermaßen noch Ende der 1940er-Anfang der 1950er-Jahre auf ein bisher unerreichtes Niveau.

Seinerzeit war der B-29-Nachbau als Tu-4 der modernste und leistungsfähigste Bomber in sowjetischen Diensten und animierte zu Weiterentwicklungen. (Foto: US DoD)

Die Entwicklung der anfangs mit B-4 bezeichneten Tu-4 kam ab Frühjahr 1945 in Schwung und am 19. Mai 1947 leitete die erste Maschine die Flugerprobung ein. Die Serienproduktion lief in drei Werken und führte bis zum Produktionsende 1952 zu einem Ausstoß von insgesamt 847 Exemplaren. Die ersten Tu-4 gingen an das 185. Schwere Bombenfliegerregiment, das im ukrainischen Poltawa zu Hause war und den operationellen Einsatz 1949 aufnahm. Im Laufe der Produktion und des Einsatzes gab es verschiedene Änderungen in der Ausstattung, eine Erhöhung des Kraftstoffvorrats sowie der Flugstundenzahlen für die Bombercrews. Bis Ende der 1950er-Jahre erfolgte der Einsatz als Bomber, auch in der atomwaffenfähigen Variante Tu-4A. Diese Maschinen konnten Atombomben der RDS-Serie verwenden und warfen auch die ersten sowjetischen Atombomben aus der Luft ab. Erstmals erfolgte ein solcher Abwurf am 18. Oktober 1951, wobei es sich um eine RDS-3 mit etwa 40 kT Sprengkraft handelte. Es gab auch Umbauten zu Tu-4K, die unter dem Tragwerk zwei Marschflugkörper vom Typ KS-1 mitführen konnten, außerdem zu Aufklärern, Tankern, zur elektronischen Kampfführung, zu fliegenden Leitständen sowie zu Transport- und Versuchszwecken. Viele von diesen wurden länger als die eigentlichen Bomberbaureihen geflogen. Die Bomber selbst waren über Jahre in ständiger Alarmbereitschaft, patrouillierten an den Außengrenzen der Sowjetunion und zum Teil von vorgelagerten Basen des Warschauer Pakts aus. So wurden 1955/56 nuklearwaffenfähige Tu-4 auf drei ostdeutsche Stützpunkte in Brand, Werneuchen und Zerbst verlegt. Neben der sowjetischen Luftwaffe wurde die Tu-4 ab 1955 auch von der 57. Marinebomberdivision der Baltischen Flotte geflogen, einige Maschinen gelangten zudem ins Trainingszentrum in Nikolajew am Schwarzen Meer. Zwei Regimenter der Nordmeer- und Schwarzmeerflotte hatten kurzzeitig, bis Mitte der 1950er-Jahre die Tu-4K mit KS-1-Lenkwaffen im Bestand.

Ab Februar 1953 wurden die ersten Tu-4 an China übergeben, wo die Flugzeuge Teil des 4. Selbstständigen Bomberregiments und zunächst von Peking aus geflogen wurden. Von 1955 bis 1971 wurde die Luftwaffenbasis Wukung zum Heimatstandort der insgesamt 25 chinesischen Tu-4. Erst danach erfolgte die Ausmusterung als Bomber, einige, noch flugtaugliche Maschinen wurden aber noch zu Trainings- und Versuchszwecken eingesetzt. Bekannt sind Tests als Drohnenträger oder mit einer scheibenförmigen Radarverkleidung auf dem Rumpfrücken, zudem gab es Umrüstungen auf Turboproptriebwerke des Typs WJ-6 als Nachbau des sowjetischen AI-20 mit 3170 kW Leistung. Verschiedentlich wurde auch die Avionik modernisiert und so flogen einige Tu-4 in chinesischen Diensten sogar bis Ende der 1980er-Jahre.

Für die Sowjetunion war der Bau der Tu-4 ein Glücksfall sowie ein gewaltiger Technologiesprung nach vorn, der die gesamte Luftfahrtindustrie des Landes einschließlich Materialien, Gerätetechnik und Fertigungsverfahren auf eine höheres Niveau brachte. Von der NATO erhielt die Tu-4 den Meldenamen »Bull«.

Die Seitenansicht zeigt eine der in der Sowjetunion zurück gelassenen B-29, hier als Trägerflugzeug des ab 1949 erprobten Raketenflugzeugs DSF 346-I. (Grafik: Manfred Meyer)

Diese Tu-4 wurde in China mit WJ-6-Propellerturbinen modernisiert und trug zu Testzwecken die Attrappe eines scheibenförmigen Radoms auf dem Rumpfrücken. (Grafik: Manfred Meyer)

Eine Tu-4 ist im Zentralen Museum der Luftstreitkräfte in Monino zu sehen, die 1954 produziert, nach 1540 Flugstunden im Oktober 1958 dort landete und zum Ausstellungsstück hergerichtet wurde. Im Vordergrund zudem verschiedene Typen sowjetischer Freifallbomben. (Foto: Heiko Thiesler)

Diese mit Turboprops modernisierte Tu-4 steht im chinesischen Luftfahrtmuseum in Datangshan und trägt unter den Tragflächen Aufklärungsdrohnen Chang Hong-1, Kopien der amerikanischen Ryan AQM-34 »Firebee«. (Foto: Yu Ming)

Tupolew Tu-14

Das Konstruktionsbüro Tupolew entwickelte Ende der 1940er-Jahre mehrere mittelschwere Bombenflugzeuge mit Strahlantrieb, von denen einige auch als Prototypen gebaut und getestet wurden. Als Konkurrenzmuster zur Il-28 entstanden, sollte ein zunächst »Typ 73«, später Tu-14 genannter Bomber die Stellung Tupolews im sowjetischen Flugzeugbau weiter ausbauen. Der Prototyp flog am 29. Dezember 1947 erstmalig und war mit drei Strahltriebwerken ausgestattet, zwei unter den Tragflächen und ein zusätzliches, etwas schwächeres im Heck mit Lufteinlass vor dem Seitenleitwerk. Trotz akzeptabler Ergebnisse schien allein wegen seiner unkomplizierteren Bauweise Iljuschins Il-28 vielversprechender. Folgerichtig wurde an Änderungen gearbeitet und auf das dritte Triebwerk im Heck verzichtet, das Konzept als »Typ 81« zur Verwendung bei der sowjetischen Marine ausgerichtet. Das Flugzeug war in Ganzmetall-Halbschalenbauweise hergestellt und mit Schulterdeckertragflügeln ausgestattet. Der Rumpf war druckbelüftet, der Bug verglast und nahm den Navigator auf. Der Pilot hatte eine separate Kanzel, des Weiteren gab es einen bemannten Heckstand mit beweglicher Zwillingskanone und plus/minus 70 Grad Feuerbereich. Abwurfwaffen, hauptsächlich RAT-52-Torpedos oder Minen, wurden intern mitgeführt und aus großer Höhe abgeworfen. Das dreiteilige, in Bugradanordnung ausgeführte Fahrwerk war jeweils einfach bereift, außerdem gab es am Heck einen ausfahrbaren Notsporn für die Landung. Später erhielt das Flugzeug noch einen Bremsschirm, Starthilfsraketen konnten optional beim Abheben des Bombers helfen. Wichtiger Bestandteil der Bordelektronik war ein Navigations- und Zielradar PSBN-M, das große Schiffe in 50 km Reichweite erfassen konnte.
Ein Prototyp von »Typ 81« absolvierte am 13. Oktober 1949 den Erstflug und wurde ein Jahr später als Tu-14T zur Produktion freigegeben. In Irkutsk wurden nachfolgend je nach Quelle zwischen 89 und 147 Exemplare hergestellt und eine Einsatzerprobung beim 5. Marinefliegerbomberregiment der Schwarzmeerflotte durchgeführt. Das 567. Regiment hatte Ende 1951 eine Staffelstärke von 16 Flugzeugen erreicht, ab April/Mai 1952 kam die Nordmeerflotte, danach auch die Pazifikflotte als Nutzer hinzu. Letztlich waren es fünf sogenannte Minenlege- und Torpedobombenregimenter, welche die Tu-14T in ihrem Bestand hatten. Häufig war es ein gemischter Betrieb mit der Il-28 oder zumindest deren Trainerversion. Die Tu-14T galt als robust und zuverlässig, war gegenüber dem Konkurrenzmuster Il-28 allerdings weniger agil und leistungs-

Flugzeugtyp	**Tu-14T**
Verwendung	taktisches Marinebombenflugzeug
Besatzung	3
Triebwerk	zwei Klimow WK-1 mit je 26,46 kN
Spannweite	21,69 m
Länge	21,94 m
Höhe	5,69 m
Flügelfläche	67,36 m^2
Leermasse	14.930 kg
Startmasse max.	25.350 kg
Höchstgeschwindigkeit	845 km/h
Marschgeschwindigkeit	700 km/h
Dienstgipfelhöhe	11.200 m
Reichweite	2870 km
Bewaffnung	zwei 23-mm-MK NR-23 mit je 85 Schuss im Bug, zwei 23-mm-MK NR-23 mit je 350 Schuss im Heck sowie bis 3000 kg Bomben, Torpedos, Minen im Rumpfschacht

Von der Tu-14 gibt es nicht viele Fotos, dieses hier zählt zu den bekanntesten und zeigt den Bomber sehr gut in der Seitenansicht. (Foto: OKB Tupolew via Maximilian Saukke)

Im Vordergrund wird ein Übungstorpedo für die Tu-14T dahinter vorbereitet.

fähig. Bis 1957 waren die meisten Tu-14 aus dem operationellen Dienst ausgeschieden, eine zwischenzeitlich als »Typ 89« bzw. Tu-14R bezeichnete Aufklärervariante wurde getestet, aber nicht in Serie gefertigt. Eine größere Anzahl, möglicherweise bis zu 50 Exemplare wurden an China abgegeben und ebenfalls als Torpedobomber eingesetzt. Auch hier wurde das Flugzeug einige Jahre später im Einsatz durch den Nachbau der IL-28 als H-5 überflügelt.
In der NATO wurde die Tu-14 als »Bosun« geführt.

Tupolew Tu-16

Die Tu-16 gehörte zu den bewährtesten und langlebigsten Bombenflugzeugen mit Strahlantrieb. Zugleich brachte der Bomber eine Vielzahl von Unterbaureihen für andere Aufgaben hervor, sodass die Gesamtstückzahl beachtliche 1509 Flugzeuge erreichte. Hinzu kommen die bis heute in China produzierten Tu-16-Abkömmlinge als H-6.

Die Realisierung des Bomberprojektes und der geforderten Leistungsparameter wurden erst durch den Bau des großen Mikulin-Strahltriebwerks AM-3 möglich, von dem je eins seitlich zwischen Rumpf und Tragflügel angebracht und mit einer nach außen geneigten Schubdüse versehen wurde. Dieses Konzept diente wie auch bei der Mjassischtschew M-4 dazu, den hinteren Rumpf nicht den heißen Triebwerksabgasen auszusetzen. Das Mitteldeckertragwerk war an der Vorderkante um 41 Grad, ab einem Knick bis zu den Flügelenden hin um 37 Grad gepfeilt. Auf der Flügeloberseite befanden sich auf jeder Seite zwei Grenzschichtzäune, ferner waren die Hauptfahrwerke mit je vier Rädern in Verkleidungen an der Hinterkante untergebracht. Zusammen mit dem doppelt bereiften Bugrad ermöglichten sie Einsätze von unbefestigten Pisten. Der Bug des Rumpfes war verglast, es folgte das Cockpit und darunter das Bordradar RBP-4 mit über 100 km Reichweite gegen größere Ziele. Weiter hinten gab es gepanzerte Kraftstofftanks sowie den Bombenschacht, der auch die gewaltige FAB-9000 aufnehmen konnte. Zwei Zwillingsgeschütze auf und unter dem Rumpf, eine einzelne Kanone am Bug sowie ein bemannter Heckstand stellten die Defensivbewaffnung dar.

Flugzeugtyp	**Tu-16A**
Verwendung	Langstreckenbombenflugzeug
Besatzung	6
Triebwerk	zwei Mikulin RD-3M-200 mit je 93 kN
Spannweite	32,99 m
Länge	34,80 m
Höhe	10,36 m
Flügelfläche	164,65 m²
Leermasse	36.600 kg
Startmasse max.	75.800 kg
Höchstgeschwindigkeit	1050 km/h
Marschgeschwindigkeit	850 km/h
Dienstgipfelhöhe	12.800 m
Reichweite	5900 km
Bewaffnung	eine 23-mm-MK AM-23 mit 100 Schuss im Bug, zwei 23-mm-MK AM-23 mit je 500 Schuss auf dem Rumpf, zwei 23-mm-MK AM-23 mit je 1000 Schuss im Heck sowie bis 9000 kg Bomben, Minen im Rumpfschacht

Für die sowjetischen Streitkräfte war die Badger ein wichtiger Lenkwaffenträger, diese Tu-16KS führt zwei KS-1 zur Bekämpfung von Schiffen mit. (Foto: Sergej Zwetkow Collection)

Der Prototyp des auch »Typ 88« genannten Bombers flog am 27. April 1952 erstmalig, dem Anfang 1953 ein zweites Versuchsmuster in die Flugerprobung folgte. Noch im gleichen Jahr begann im Oktober die Serienproduktion als Tu-16 und die öffentliche Präsentation folgte am 1. Mai 1954 während einer Luftparade über dem Roten Platz in Moskau. Die Tu-16 sorgte im Westen, wo sie »Badger« genannt wurde, für große Aufregung, hatte man doch damals der Sowjetunion den Bau eines solchen Musters nicht zugetraut. Zwei Regimenter der 45. Schweren Bombenfliegerdivision in Weißrussland wurden 1954 Erstempfänger der Tu-16 bei der sowjetischen Luftwaffe, während ab dem Folgejahr zuerst die 57. Schwere Marinefliegerbomberdivision der Baltischen Flotte mit der Tu-16 ausgestattet wurde. Die Auslieferung der Tu-16 gewann schnell an Tempo und bis Mitte der 1960er-Jahre stellte sie das Standardbombenflugzeug der sowjetischen Fernflieger dar, überhaupt gingen hier die meisten der Maschinen in Dienst und waren auf

Die zweistrahlige Tu-16 wurde in großen Stückzahlen hergestellt und in zahlreichen Versionen von der sowjetischen Luftwaffe und Marine verwendet. (Foto: US DoD)

über 20 Luftwaffenbasen zu Hause. Immerhin erhielten auch die sowjetischen Marineflieger mit weit über 400 Exemplaren eine bemerkenswerte Anzahl dieser Bomber, wobei auch hier zahlreiche Subvarianten mit eingerechnet sind. Nach dem Grundmuster Tu-16, von dem viele später mit Nachtankvorrichtungen aufgewertet oder selbst zu Tankflugzeugen umgebaut wurden, folgte der Atombomber Tu-16A in den Dienst. Ab 1955 wurde zudem die Aufklärerversion Tu-16R produziert und davon für die Marineflieger die Tu-16RM abgeleitet. Neben der Version Tu-16T als Torpedobomber entstanden mehrere Baureihen als Lenkwaffenträger ab Mitte der 1950er-Jahre. Die Tu-16KS trug zwei KS-1-Marschflugkörper unter den Tragflächen und verfügte über ein leistungsstärkeres »Kobalt«-Radar. Ab 1959 folgte die Tu-16K-10 mit einem schweren, überschallschnel-

Zusammenkünfte über den Weltmeeren gab es zwischen den vermeintlichen »Gegnern« immer wieder, diesmal mit einer F-4B der US Navy und einer Tu-16R der sowjetischen Marineflieger im Jahr 1963. (Foto: National Museum of Naval Aviation Pensacola)

An einer Tu-16 wird Anfang der 1960er-Jahre Dekontamination geübt, unter der Tragfläche ist ein Marschflugkörper vom Typ KSR-2 zu erkennen. (Foto: Sergej Zwetkow Collection)

len Marschflugkörper K-10 in den Dienst der Marineflieger. Im neuen, unverglasten Rumpfbug besaß diese »Badger«-Version ein neues Radar, was zur Zielfindung und Führung der Lenkwaffe bis 250 km Entfernung diente. Die Bestückung mit neuen Lenkwaffen führte zu weiteren Versionsbezeichnungen wie Tu-16KSR-2, Tu-16K-11-16 oder Tu-16K-26 plus weiteren Subbaureihen bei Systemmodifikationen der Sensor- und Waffentechnik. Weitere wichtige Modelle stellten die Tanker Tu-16Z und Tu-16N dar, wobei erstgenannte die eher unübliche Betankungsmethode von Tragfläche zu Tragfläche praktizierte. Hinzu kamen Ausführungen zur U-Boot-Abwehr als Tu-16PLO und SP, zur elektronischen Kampfführung wie die Tu-16E, P und SPS, für Search-and-Rescue-Einsätze als Tu-16S und mit einem abwerfbaren Rettungsboot unter dem Rumpf oder die Tu-16KRM als Drohnenträger und Drohnenleitflugzeug, um nur einige zu nennen. Viele davon entstanden auch durch Umbau vorhandener Exemplare und viele andere erfüllten Testzwecke in allen denkbaren Bereichen. Im Laufe der Zeit gab es einige Verbesserungen im Avionikbereich und anderen Systemen, es kamen stärkere RD-3M-Triebwerke oder Geräte zur elektronischen Abwehr zum Einbau. Die Auflösung der Sowjetunion überlebten mehr als 100 aktive Tu-16, die zuletzt vor allem Aufklärungs- und Trainingsflügen gedient hatten. Andererseits waren Maschinen früher Baujahre zu ferngesteuerten Drohnen unter der Bezeichnung M-16 umgerüstet worden. In Russland endete der Dienst der Tu-16 im Jahr 1994 endgültig.

Über der Baltischen See wurde diese Tu-16 mit einem KSR-5-Marschflugkörper fotografiert. (Foto: Flygvapnet)

Neben China als Lizenznehmer hatte es mit Ägypten, Indonesien und Irak weitere Exportkunden gegeben. Bei Ausbruch des Sechs-Tage-Krieges 1967 besaß Ägypten zwei Staffeln mit Tu-16-Bombern, die Marschflugkörper verschießen konnten. Daher sah Israel die Flugzeuge als potenzielle Gefahr an und versuchte möglichst viele beim Überraschungsangriff der ersten Stunden zu vernichten, was letztlich auch gelang. Auch der Irak besaß einige Tu-16 zu jener Zeit und eine davon wurde, als sie am 6. Juni 1967 die Industrieanlagen im israelischen Natanja bombardierte, abgeschossen. Bis zum Yom-Kippur-Krieg 1973 hatte Ägypten neue Tu-16 plus KSR-2-Marschflugkörper erhalten und beim arabischen Angriff im Oktober wurden rund 80 davon auf israelische Ziele einschließlich der Hauptstadt Tel Aviv abgefeuert. Mehrere der Lenkwaffen wurden allerdings schon im Anflug abgeschossen. Im Nachfolgejahrzehnt gelangten auch wieder irakische Tu-16 zum Kampfeinsatz und flogen Bombenangriffe auf iranische Ziele. Ab Februar 1988 sollen auch Anti-Schiffs-Lenkwaffen vom chinesischen Typ C-601 verwendet worden sein, die mehrere Schiffe im Persischen Golf trafen. Trägerflugzeuge waren offenbar chinesische Exportmaschinen vom Typ B-6D, von denen auch 1991 noch mehrere vorhanden waren. Bevor diese im Golfkrieg eingesetzt werden konnten, machten Flugzeuge der antiirakischen Koalition Pisten unbrauchbar und zerstörten die meisten der Bomber am Boden. Die ehemalige Sowjetunion nutzte die Tu-16 über Afghanistan zu gewaltigen Bombardements aus großer

In Monino ist diese Tu-16K mit KSR-5-Lenkwaffen zu sehen. (Foto: Heiko Thiesler)

Höhe, bei denen zum Teil Formationen von 36 Bombern flogen. Letztendlich waren die Zerstörungen zwar groß, die Treffer aus großer Höhe aber oft ungenau.

23
C03232

Eine Tu-95MS befindet sich im Landeanflug auf die Luftwaffenbasis Djagilewo, Rjasan, 200 km südöstlich von Moskau gelegen. Hier sind nur einige wenige Tu-95 für das Schulen von Besatzungsanwärtern stationiert. (Foto: Chris Lofting)

Eine Tu-95MS kehrt möglicherweise nach einem längeren Einsatz zur Heimatbasis zurück. Schon ohne Nachtanken in der Luft kann sie eine Flugdauer von 14 Stunden erreichen. (Foto: Juri Kiseljow)

Die Silhouette mehrerer auf der Bomberbasis Engels abgestellter Tu-95 spiegelt sich in den Resten eines Regenschauers, die Kanzeln sind noch abgedeckt. (Foto: Alex Beltyukov / russianplanes.net)

fen inzwischen durch Jagdflugzeuge und Luftabwehrraketen sehr verwundbar waren. Die Tu-95K begann 1959 den Dienst bei den sowjetischen Fernfliegern und sie war zunächst mit einer Ch-20-Lenkwaffe unter dem Rumpf ausgestattet. Später kam die leistungsstärkere Ch-22 dazu und die Möglichkeit zur Luftbetankung gehörte zu den regulären Einsatzszenarien. Verbesserte Modelle hießen dann Tu-95KD, KM und K-22. Zusätzlich entstanden einige Exemplare als Trainer Tu-95U sowie als Langstreckenaufklärer Tu-95MR. An die sowjetischen Marineflieger wurde ab 1964 die Tu-95RT ausgeliefert, eine der populärsten »Bear«-Varianten. Sie diente zur Aufklärung und Zielortung von Raketen, die von Schiffen der eigenen Streitkräfte verschossen wurden. Dabei konnte die reichlich mit Sensoren ausgerüstete Tu-95RT die Raketen mit aktuellen Zieldaten und Kurskorrekturen versorgen. Ihr Einsatz erfolgte häufig auch von ausländischen Basen wie Angola, Guinea, Kuba und Vietnam aus und sie avancierte so zu den am meisten fotografierten Tu-95 überhaupt. Eine Ableitung mit längerem Rumpf stellte schließlich die zur U-Boot-Bekämpfung bestimmte Tu-142 dar, die bis heute im Einsatz ist.

Der Serienbau der Tu-95 lief Ende der 1960er-Jahre vorerst aus und wurde mit einer neuen Generation von Marschflugkörpern wieder in Gang gesetzt. Basierend auf der Tu-142, aber wieder mit kürzerem Rumpf, flog im September 1979 die Tu-95MS erstmals. Die Lieferungen begannen 1982, zuerst an das 1023. Schwere Bombenfliegerregiment in Semipalatinsk, Kasachstan. Die Tu-95MS erhielt verbesserte Triebwerke mit höherer Lebensdauer, im überarbeiteten Rumpfbug ein neues Cockpit, das die Arbeitsbedingungen der Crew erleichterte, neue Navigations-, Kommunikations- und Zielerfassungsgeräte sowie zur elektronischen Abwehr. Die Bewaffnung mit den Marschflugkörpern Ch-55 führte zu zwei Varianten. Während die Tu-95MS-6 in einem rotierenden Starter im Bombenschacht sechs dieser Lenkwaffen aufnahm, konnte die Tu-95MS-16 zehn weitere an vier externen Stationen mitführen. Neu war auch die Abwehrbewaffnung im Heck, die jetzt aus zwei doppelläufigen Kanonen bestand. Der größte Teil der neu produzierten Maschinen waren Tu-95MS-16, die allerdings nach den Verhandlungen zur Begrenzung strategischer Waffen auf den MS-6-Standard abgerüstet wurden. Im Jahr 1992 endete der Serienbau der Tu-95 nach insgesamt mindestens 260 Flugzeugen aller Versionen, zwei Jahre später endete auch der Bau der Tu-142 mit insgesamt etwa 100 weiteren Exemplaren. Auf zwei Standorte verteilt, steht die Tu-95MS bis heute in einer Größenordnung von rund 60 Maschinen im Dienst der russischen Luftwaffe und ein Teil wurde seit 2014 auf den Standard Tu-95MSM modernisiert. Modernisierungen betreffen vor allem Teile der Avionik sowie neue Waffen inklusive den Marschflugkörpern Ch-101, Ch-102 oder Ch-555. Zuletzt genannte wurden von Tu-95MS ab November 2015 erstmals zu reellen Kampfeinsätzen gegen Ziele in Syrien verwendet. So besitzen

An den inneren Pylonen trägt diese Tu-95MS zwei Marschflugkörper, vermutlich Attrappen vom Typ Ch-101. (Foto Juri Kiseljow)

die Tu-95 nach wie vor ein ernstzunehmendes Kampfpotenzial, ihr Einsatz soll gemäß Planungen der russischen Luftwaffe bis zum Jahr 2040 andauern. Damit kommt der Turboproprièse auf über 80 Jahre Dienst, selbst die jüngsten Tu-95MS-Modelle wären dann an die 50 Jahre alt. Erwähnenswert ist noch, dass Tu-95 und Tu-142 zusammen über 70 Weltrekorde aufstellten, die Tu-95 zudem Ausgangsbasis für den Passagierpropliner Tu-114 und das Frühwarnflugzeug Tu-126 war. Zum anderen wurde die Tu-95 über viele Jahre fälschlicherweise auch als Tu-20 bezeichnet.

Das Konstruktionsprinzip der Tu-95 ist in der Draufsicht gut zu erkennen. Direkt vor den Pilotenfenstern ist der Nachtankstutzen montiert. (Foto: Alex Beltyukov / russianplanes.net)

In ihrem Rumpf kann die Tu-95MS einen Mehrfachstarter für Marschflugkörper aufnehmen, bei vorherigen Baureihen waren Freifallbomben bis zu 15.000 kg üblich. (Foto: MOD)

Die Seitenansicht zeigt die erste in Kuibyschew (heute Samara) produzierte Serienmaschine des Bombers Tu-95. (Grafik: Manfred Meyer)

Tupolew Tu-22

Es war wieder mal eine Überraschung für westliche Beobachter, als zur Luftparade über Tuschino 1961 zehn neue Bomber vom Typ Tu-22 im Flug vorgeführt wurden. Nachfolgend wurde das Flugzeug allerdings im Westen jahrelang unterschätzt, im Osten dagegen überbewertet.

Die Tu-22 entstand im Hinblick auf die Entwicklung der amerikanischen B-58, sollte aber von Anfang an konventioneller ausfallen. Zugleich sollte der neue Bomber praktisch die gleichen Missionen wie die Tu-16, diesmal im Überschalltempo erfüllen. Höhere Betriebskosten und möglicherweise eine geringere Reichweite wurden dabei einkalkuliert. Zum Schluss konnte die zweifellos beeindruckende Tu-22 die Tu-16 nie vollends ersetzen und wurde in einer beträchtlich geringeren Stückzahl hergestellt.

Bemerkenswert an der Konstruktion der Tu-22 war neben dem stark gepfeilten Trag- und Leitwerkskomplex vor allem die ungewöhnliche Anordnung der beiden Strahlturbinen. Die wurden beidseitig der Seitenflosse platziert und konnten für einen höheren Luftbedarf ihre Einlasslippen nach vorn verschieben und zusätzliche Einlassschlitze öffnen. Anfangs kamen Dobrynin WD-7, später stärkere und zugleich wirtschaftlichere RD-7M zum Einbau. Der spitze Rumpfbug beherbergte ein »PN«-Navigations- und Zielradar, danach folgte die Druckkabi-

Flugzeugtyp	**Tu-22KD**
Verwendung	Langstreckenbombenflugzeug
Besatzung	3
Triebwerk	zwei Koljesow RD-7M mit je 161,76 kN mit Nachbrenner
Spannweite	23,64 m
Länge	42,75 m
Höhe	10,15 m
Flügelfläche	162,25 m^2
Leermasse	38.300 kg
Startmasse max.	94.000 kg
Höchstgeschwindigkeit	1590 km/h
Marschgeschwindigkeit	950 km/h
Dienstgipfelhöhe	14.700 m
Reichweite	5850 km
Bewaffnung	eine 23-mm-MK R-23 mit 600 Schuss im Heck sowie bis 12.000 kg Bomben oder Marschflugkörper im Rumpfschacht

Gerade bei Start und Landung galt die Tu-22 als anspruchsvoll, die Landegeschwindigkeit war hoch. (Foto: Jewgeni Kazennow)

Sehr gut ist auf diesem Bild der stromliniengünstige, nach der Flächenregel entworfene Rumpf mit Wespentaille an einer Tu-22 und ebenso die auffällige Anordnung der beiden Strahltriebwerke am Heck zu sehen. (Foto: AAG – Archiv FRX)

ne. Vorn saß der Navigator/Bombenschütze, der an der Rumpfunterseite über vier Fenster verfügte. Weiter hinten und etwas höher waren der Pilot sowie der Bordfunker/Bordschütze tandemartig untergebracht. Letzterer war auch für die Bedienung der ferngesteuerten R-23-Abwehrkanone im Heck zuständig, die lange Zeit als streng geheim galt. Alle drei Besatzungsmitglieder besaßen Schleudersitze, die im Havariefall nach unten aus dem Flugzeug geschossen wurden. Die vierfach bereiften Hauptfahrwerke zogen in Tupolew-typische Gondeln an der Tragflügelhinterkante ein, das ebenfalls einziehbare Bugrad verfügte über zwei Räder. Das gut durchdachte Design profitierte von einem nach der Flächenregel entworfenen Rumpf, der ab dem zweiten Prototyp zur Anwendung kam.

Der ursprüngliche Prototyp hob als »Typ 105« am 21. Juni 1958 zum Erstflug ab. Ihm folgte am 7. September 1959 eine modifizierte und ausrüstungstechnische vervollkommnete

Wenn auch nicht auf den ersten Blick zu erkennen, handelt es sich bei diesen Maschinen um Lenkwaffenträger Tu-22KD. (Foto: Sergej Zwetkow Collection)

Versuchsmaschine »Typ 105A« in die Flugerprobung. Der Serienbau wurde 1960 aufgenommen, die erste Serienversion Tu-22A wurde als Bomber mit Freifallwaffen ausgeliefert und zuerst dem 203. Schweren Bombenfliegerregiment am Standort Baranowitschi in Weißrussland übergeben. Ebenfalls in Weißrussland wurden ab 1966 die ersten Ch-22 tragenden Tu-22K in Dienst gestellt, diesmal auf der Luftwaffenbasis Matschulistsche und beim 121. Regiment. Die große Lenkwaffe fand halbversenkt im Rumpf Platz. Hinzu kamen Tu-22P zur elektronischen Abwehr und Kampfführung. So hatte ein Regiment meist zwei Staffeln mit Tu-22K sowie eine mit Tu-22P, die Staffelstärke betrug dabei 10 bis 12 Flugzeuge. Bis 1967 wurden 145 Tu-22 der sowjetischen Luftwaffe zugeführt. Im Einsatz erforderte der anspruchsvolle Umstieg auf den ersten sowjetischen Überschallbomber neben Simulatoren am Boden auch eine Schulvariante, die als Tu-22U ausgeliefert und den Einheiten zugeteilt wurde. Als besonderes Merkmal erhielt sie ein weiteres Cockpit, stufenförmig über dem ersten. Des Weiteren erfolgte die Einführung der Aufklärervariante Tu-22R, die ab 1962 auch von der Baltischen sowie der Schwarzmeerflotte verwendet wurde.

Die Tu-22, im Westen mit »Blinder« betitelt, erhielt im Laufe der Jahre einige Aufwertungen in der Ausstattung und die Montage einer Luftbetankungsanlage am Rumpfbug führte zu den Versionsbezeichnungen Tu-22KD, PD, UD, RD. In den 1970er-Jahren entstanden ferner die mit weiterentwickelten Sensor- und Kamerasystemen ausgerüsteten Tu-22RDM und RK.

Mit dem Dienstantritt der Tu-22 wurden neue Einsatztaktiken erarbeitet inklusive dem Waffeneinsatz im Überschalltempo, das der Bomber 10 Minuten lang halten konnte. Der Arbeitsaufwand für den Piloten war groß, die Sicht aus dem Cockpit ungenügend und die Landegeschwindigkeit hoch. Gut 20% aller 311 gebauten Tu-22 mussten wegen Unfällen, hauptsächlich in den ersten Einsatzjahren, abgeschrieben werden. Auch die Wartung des Flugzeugs gestaltete sich intensiv und die anfängliche Mehrpunktbetankung fehlerhaft. Hier half die später angewandte Einpunktbetankung ebenso wie andere Verbesserungen in anderen Bereichen den Einsatzwert anhoben. Während Tu-22PD zur elektronischen Kampfführung und Aufklärung noch im Afghanistan-Krieg der 1980er-Jahre zum Einsatz gelangten, kam mit dem Zerfall der Sowjetunion schließlich das Einsatzende. 1992 existierten noch 150 Tu-22 der Luftwaffe auf mehreren Stützpunkten inner- und außerhalb Russlands, danach wurden die meisten davon in Russland zusammen gezogen und in den Folgejahren abgewrackt.

Bereits im Dienst befindliche Tu-22 wurden 1975 an den Irak und 1976 an Libyen verkauft und absolvierten später zahlreiche Kampfeinsätze. In den 1980er-Jahren flogen irakische Tu-22A meist aus großer Höhe zahlreiche Bombenangriffe auf

Diese interessante Aufnahme zeigt die Anordnung der Schleudersitze einer Tu-22UD, die in Gefahrensituationen nach unten heraus katapultierten. (W.D. Romanenko via pripyat.de)

Der Trainer Tu-22UD erhielt für den Fluglehrer eine zusätzliche, aufgesetzte Kabine hinter dem eigentlichen Cockpit. (Foto: Wassili Roschdeswenski)

iranische Städte, Flughäfen, Militärstützpunkte und Ölraffinerien. Im späteren Verlauf des Konflikts erhielten diese Bomber Begleitschutz durch Jagdflugzeuge und operierten möglicherweise auch von Saudi-Arabien und Jemen aus. Mindestens fünf Tu-22 sollen während der Kampfhandlungen abgeschossen worden sein, zum Teil durch F-14-Kampfjets. Libysche Tu-22-Einsätze richteten sich 1979 gegen Ziele in Tansania und in den 1980er-Jahren mehrfach gegen verschiedene Anlagen im Tschad. Die Attacken waren von wechselhaftem Erfolg gekennzeichnet, manche wie auf den Flughafen von N'Djamena im Februar 1986 verliefen präzise, andere recht ungenau. Auch hier gab es mehrere Verluste durch Luftabwehrraketen.

Halbversenkt im Rumpf konnte die Tu-22K eine Ch-22-Lenkrakete mitführen, welche im Zielendanflug auf bis zu vierfache Schallgeschwindigkeit beschleunigte. (Foto: Wassili Roschdeswenski)

In den 1970er-Jahren trafen F-4-Kampfjets des Flugzeugträgers USS Franklin D. Roosevelt über dem Mittelmeer auf Tu-22 der libyschen Luftwaffe, die über ein großflächig verteiltes, auffälliges Tarnschema verfügten. (Foto: National Museum of Naval Aviation Pensacola)

Tupolew Tu-22M

In der zweiten Hälfte der 1970er-Jahre wurde die Tu-22M weltbekannt und ging unter dem NATO-Code »Backfire« in das Vokabular des Kalten Krieges ein. Im Westen sah man den Bomber als große Bedrohung an und unterstellte ihm dank der vorhandenen Nachtankvorrichtung eine strategische Reichweite. Mitunter auch Tu-26 genannt, stellte die tatsächliche Typenbezeichnung Tu-22M nach späteren Aussagen des Tupolew-Konstruktionsbüros eine rein »politische« Namensgebung dar und sorgte für mancherlei Verwirrung. In Wirklichkeit hatte das Flugzeug kaum noch etwas mit der Tu-22 gemein, wenngleich sich Größe und Aufgabenstellung sehr ähnelten. Klare Vorgaben waren zu Entwicklungsbeginn die Tu-22 mit besseren Leistungen und einer höheren Waffenlast zu übertreffen, die vor allem im Tiefflug gegen die US-Flugzeugträgerflotten und andere Schiffsverbände, große Depots, Versorgungs- und Hafenanlagen zur Anwendung kommen sollten.

Vielsprechend war die Auslegung mit Schwenkflügeln, mit denen sich zu jener Zeit auch andere sowjetische Konstruktionsbüros beschäftigten. Sie versprachen eine lange Reichweite im Unterschallregime, Überschallflüge in großen Höhen und Tiefflugeindringeinsätze in niedriger Flughöhe, außerdem halfen sie Start- und Landestrecke zu verkürzen. Nach mehreren Design-Änderungen konnte Ende 1967 eine Attrappe des anfangs »Typ 145« genannten Bombers präsentiert werden und ließ eine Bestellung über neun Versuchsflugzeuge als Tu-22M0 folgen. Alle neun Flugzeuge unterschieden sich in einigen Details, zum Schluss wich auch der Bremsschirmbehälter im Heck einer 23-mm-Abwehrkanone. Die in Tiefdeckeranordnung angebrachten Schwenkflügel waren von 20 bis 60 Grad verstellbar, verfügten über relativ große starre Flügelansätze und zunächst noch über die Gondeln zur Unterbringung der Hauptfahrwerke an der Hinterkante. Als Antrieb dienten zwei NK-144-2 (später mit NK-22 bezeichnet) mit je 196 kN Nachbrennerschub, die für einen höheren Druckrückgewinn mit langen, voll verstellbaren Lufteinlässen versehen waren. Im Rumpfbug befanden sich das bis zu 200 km weit reichende »PN-A«-Navigations- und Bombenzielradar sowie ein Nachtankstutzen auf der Oberseite. Die nachfolgende Kabine war für eine vierköpfige Crew ausgelegt, die alle über einen KT-1-Schleudersitz von Tupolew verfügten. Eine erste Tu-22M0 begann am 30. August 1969 die Flugerprobung, welche insgesamt eher enttäuschte, die geforderten Leistungen nicht aufzeigte und Verbesserungen notwendig machte. So folgten 1971/72 neun Vorserienflugzeuge Tu-22M1 mit einigen Modifikationen und zur Einsatzerprobung bestimmt. Überragend waren die Ergebnisse noch immer nicht, sodass erst die Serienversion Tu-22M2 brauchbar für den Einsatz bei den so-

Flugzeugtyp	Tu-22M3
Verwendung	Langstreckenbombenflugzeug
Besatzung	4
Triebwerk	zwei Kusnetzow NK-25 mit je 245 kN mit Nachbrenner
Spannweite	23,30 bis 34,28 m
Länge	42,46 m
Höhe	11,05 m
Flügelfläche	175,80 bis 183,58 m²
Leermasse	64.000 kg
Startmasse max.	124.000 kg
Höchstgeschwindigkeit	2300 km/h
Marschgeschwindigkeit	930 km/h
Dienstgipfelhöhe	14.000 m
Reichweite	6800 km
Bewaffnung	eine doppelläufige 23-mm-MK GSch-23 mit 600 Schuss im Heck sowie bis 24.000 kg Bomben und Marschflugkörper im Rumpfschacht sowie drei Aufhängepunkten

Eine der wichtigsten Neuerungen an der Tu-22M3 waren modifizierte Lufteinlässe, diese Maschine trägt zwei Ch-22 Marschflugkörper. (Foto: Rodion Kuznetzow)

Eine abgestellte Tu-22M2 zeigt in der Frontalansicht neben den noch früheren Lufteinlässen auch den Nachtankstutzen am Bug, welcher während der SALT II-Abrüstungsverhandlungen für reichlich Gesprächsstoff sorgte. (Foto: Mario Nonaka)

wjetischen Fern- und Marinefliegern erschien. Die Tu-22M2 flog im Mai 1973 zum ersten Mal und im Folgejahr begann der Übergang zum Einsatz bei den Fernfliegern der sowjetischen Luftwaffe. Das 185. Schwere Bombenfliegerregiment im ukrainischen Poltawa wurde zur ersten operationellen Einheit der Tu-22M2, weitere Verbände folgten ab 1976. Bei den Marinefliegern begann 1974 das 943. Regiment der Schwarzmeerflotte den Einsatz der Tu-22M2. Das Flugzeug konnte eine große Anzahl an Bomben verschiedener Kaliber sowie bis zu drei Ch-22-Marschflugkörper, auch mit nuklearem Gefechtskopf mitführen. Die Bordelektronik war eine der umfangreichsten jener Zeit; Navigations- und Zielgeräte, Geländefolge- und automatisches Kontrollsystem sowie die elektronische Abwehr waren zu einem Komplex zusammen gefasst, versursachten anfangs aber auch einige Probleme.

Noch in den 1970er-Jahren war die Tu-22M2 oft Mittelpunkt von Kontroversen innerhalb der SALT II-Verhandlungen, wo die NATO der »Backfire« dank Luftbetankungsmöglichkeit interkontinentale Reichweiten und das Erreichen der USA zuschrieb. Letztendlich einigte man sich auf die Demontage des Nachtankstutzens und die Mitführung von Marschflugkörpern mit maximal 600 km Reichweite. Andererseits rechtfertigte die NATO mit der Existenz des Bombers Forderungen nach neuen defensiven und auch offensiven Waffensystemen.

Mit vollem Nachbrennerschub startet eine Tu-22M3 von der Basis Tschaikowka, links unter dem Tragwerk ist gut der mitgeführte Marschflugkörper zu erkennen. (Foto: Alex Beltyukov / russianplanes.net)

Bis heute gehört die »Backfire« zu den wichtigsten Bombern Russlands, inzwischen sind auch die Flugzeuge der Marine dem Luftwaffenkommando unterstellt. Hier sind mehrere Tu-22M3 auf der Djagilewo-Basis (Rjasan) zu sehen, wo Crews auf den Bomber geschult werden. (Foto: Alex Beltyukov / russianplanes.net)

Mit komplett vorgeschwenkten Flügeln und ausgefahrenen Auftriebshilfen zeigt sich diese »Backfire-C« kurz vor der Landung. (Foto: Juri Kiseljow)

Die Nachtankvorrichtungen der Tu-22M2 waren in den 1980er-Jahren sämtlich demontiert, doch befand sich mit der im Juni 1977 erstmals geflogenen Tu-22M3 inzwischen eine leistungsstärkere Variante der »Backfire« im Einsatz. In erster Linie profitierte die Tu-22M3 vom neuen NK-25-Triebwerk. Es bot einen höheren Luftdurchsatz, höhere Leistung und eine höhere Wirtschaftlichkeit. Die beiden Triebwerke erhielten zudem neue, keilförmige, an unterer und oberer Innenseite verstellbare Lufteinlässe und waren wie schon beim Vorgänger mit zusätzlichen verschließbaren Öffnungen auf der Oberseite ausgestattet. Der umgestaltete und von Anfang an nicht für Nachtanken vorgesehene Rumpfbug nahm ein verbessertes »PN-AD«-Radar auf, es gab strukturelle Änderungen zur Masseeinsparung und die Tragflächen ließen sich jetzt bis 65 Gad zurück schwenken. 1981 erfolgten die ersten Lieferungen der Tu-22M3 und 1983 wurde die Einsatzbereitschaft erreicht. Hier konnten Geschwindigkeit und Reichweite erhöht, die Einsatzeffizienz gegenüber dem Vorgänger verdoppelt werden. Intern konnte die Tu-22M3 später in einem rotierenden Starter sechs Ch-15-Lenkwaffen plus vier weitere davon unter den Tragflächen aufnehmen. Im Afghanistan-Krieg wurden Ende 1987 Tu-22M2 und ab Januar 1988 Tu-22M3 eingesetzt, wobei mit FAB-3000-Bomben auch große Zerstörungen angerichtet wurden. Bis 1990 waren 12 Regimenter der sowjetischen Fernsowie Marienflieger mit mehr als 250 »Backfire« ausgerüstet. Dazu gehörten auch einige Aufklärer Tu-22M3R. 1993 endete der Serienbau nach insgesamt 514 Maschinen aller Baureihen, wobei die Tu-22M3 mit 268 Exemplaren die Hauptserienversion darstellt. Mit Auflösung der Sowjetunion verschrottete die Ukraine ihre Tu-22M bis 2006 und Russland blieb letztlich einziger Nutzer des Schwenkflüglers. In den 1990er-Jahren erfolgten Kampfeinsätze im Tschetschenienkonflikt, 2008 über Georgien und ab 2015 über Syrien. Bereits 2011 wurden alle Maschinen dem Kommando der russischen Luftwaffe unterstellt. Gegenwärtig befinden sich noch mehr als 100 Tu-22M3 im Bestand und auf drei Einsatzbasen, nicht alle davon sind einsatzklar. Neben einigen durchgeführten Modernisierungen im Sensor- und Waffenbereich gilt aktuell das Umrüstprogramm zur Tu-22M3M als sehr ambitioniert. Hier setzt man auf eine zeitgemäße »Novella 45«-Radaranlage plus neue Navigations- und Kommunikationsgeräte, Freund-Feind-Erkennung und neue Waffen.

Während der Farnborough Air Show 1992 legt diese Tu-22M3 einen fulminanten Start hin, in dieser angenehmen Zeit der Entspannung war die Anwesenheit des Bombers im Westen eine Premiere. (Foto: Paul Chandler)

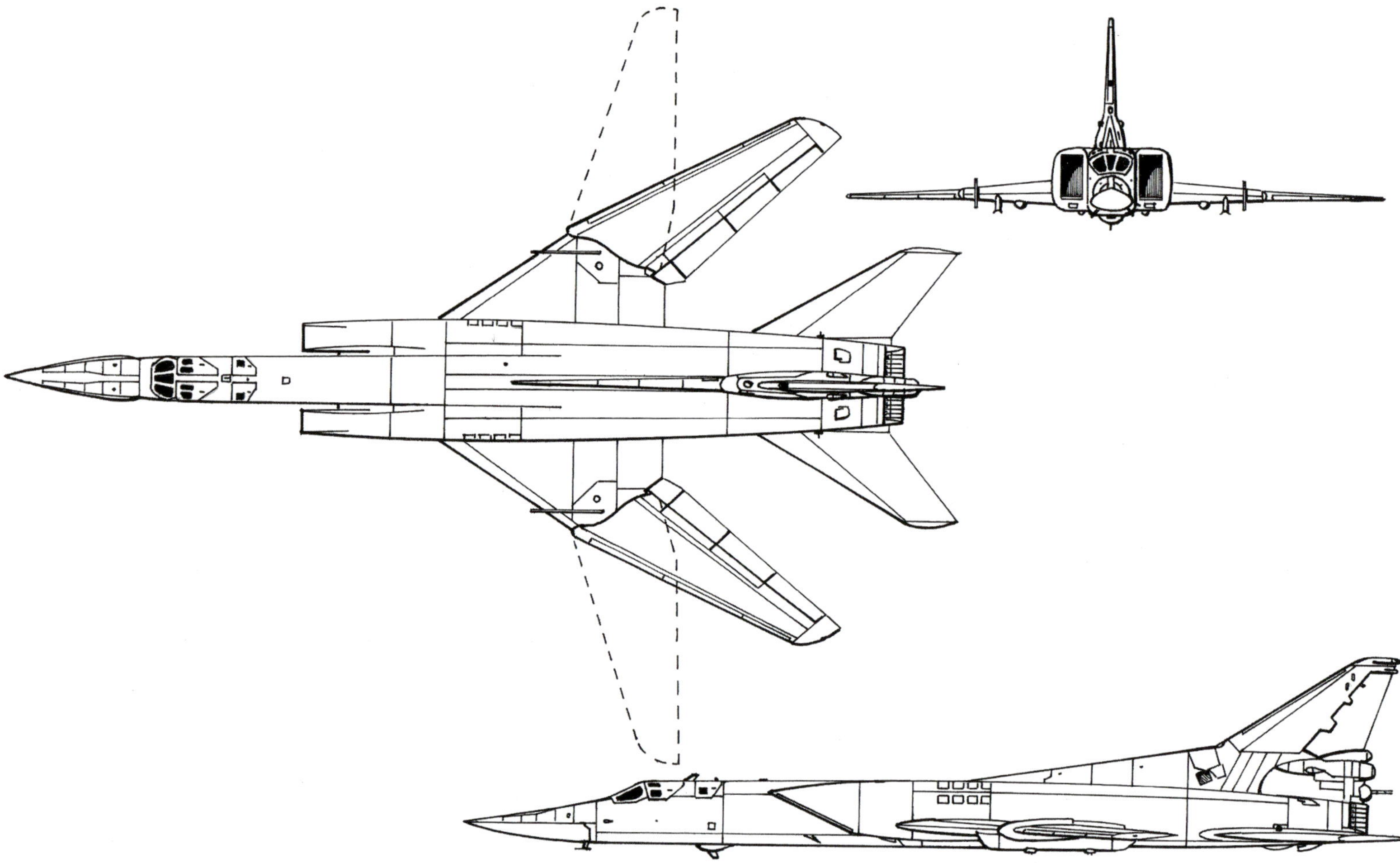

Dreiseitenriss der Tu-22M3 (Zeichnung: Manfred Meyer)

In dieser Aufnahme kann man die Klappen des Bombenschachtes ausmachen. (Foto: Artyom Annikeev)

Seitenansicht einer Tu-22M3 der russischen Luftwaffe, bemerkenswert die keilförmigen Lufteinlässe an den Rumpfseiten. (Foto: Juri Kiseljow)

Die Cockpitdächer aller vier Besatzungsmitglieder sind geöffnet und Arbeitsbühnen stehen am Flugzeug, Vorbereitungen für den weiteren Einsatzbetrieb sind im Gange. (Foto: Alex Beltyukov / russianplanes.net)

Tupolew Tu-160

Der Schwenkflügelbomber Tu-160 gilt heute als größtes und schwerstes Kampfflugzeug weltweit und trotz der geringen, verfügbaren Stückzahl bei den russischen Streitkräften als ernst zu nehmendes Muster mit einer enormen Kampfstärke.
Als die ursprüngliche B-1A in den USA Gestalt annahm, löste dies die Entwicklung eines östlichen Gegenstücks aus, das beinah typisch russisch noch größer und schwerer ausfiel. Der gleiche Einsatzzweck, im wirtschaftlichen Marschflug interkontinentale Einsätze in großer Flughöhe und den Zielanflug in Schallnähe in geringer Flughöhe zu absolvieren, führte zu vielen äußerlichen Ähnlichkeiten. Die Überlegungen der Amerikaner hatten auch bei den Sowjets bereits in der zweiten Hälfte der 1960er-Jahre Forderungen nach einem solchen Bomber ausgelöst und brachte mehrere Entwürfe hervor. Der des konkurrierenden Konstruktionsbüros Mjassischtschew kam eigentlich der späteren Tu-160 am nächsten, sodass wesentliche Elemente davon ganz klar vom offiziellen Sieger Tupolew übernommen wurden. Ein typisches Merkmal des Entwurfs ist das gewaltige Tragwerk mit einem großflächigen starren Teil und langen vorgezogenen Flügelwurzeln sowie den von 20 bis 65 Grad schwenkbaren Außenflächen. Diese besitzen

Flugzeugtyp	**Tu-160**
Verwendung	Langstreckenbombenflugzeug
Besatzung	4
Triebwerk	vier Kusnetzow NK-32 mit je 245 kN mit Nachbrenner
Spannweite	35,60 bis 55,70 m
Länge	54,10 m
Höhe	13,10 m
Flügelfläche	232 bis 293,15 m²
Leermasse	117.000 kg
Startmasse max.	275.000 kg
Höchstgeschwindigkeit	2200 km/h
Marschgeschwindigkeit	850 km/h
Dienstgipfelhöhe	14.000 m
Reichweite	13.950 km
Bewaffnung	bis 40.000 kg Bomben oder Marschflugkörper im Rumpfschacht

Der miteinander verschmelzende Bereich von Rumpf und fester Tragwerkssektion ist gewaltig und bietet genug Platz zur Unterbringung von Kraftstoff und Hauptfahrwerk. (Foto Juri Kiseljow)

Zur Verkürzung der Landestrecke verfügt die Tu-160 über drei Bremsschirme, der Bomber kommt nach etwa 1300 m zum Stehen. (Foto: Juri Kiseljow)

zur Erhöhung des Auftriebs Vorflügel und hinten Doppelspaltklappen. Bemerkenswert sind zudem Klappensektionen, die sich bei zurück geschwenkten Tragflächen aufrichten und einen großen Grenzschichtzaun bilden. Die Höhenflossen sind als Pendelruder ausgelegt, ab diesen aufwärts ist auch das Seitenleitwerk komplett beweglich. Rumpfquerschnitt und das Verschmelzen von Tragwerk mit dem Rumpf erzeugen einen geringen Luftwiderstand und Radarquerschnitt. Zwei Bombenschächte können 12 bis 24 Marschflugkörper von rotierenden Gestellen starten oder optional eine große Menge Freifallbomben an Bord nehmen. Die vierköpfige Crew ist in einer Druckkabine mit Null-Null-Schleudersitzen K-36 untergebracht, der Pilot fliegt den Bomber mittels vierfach redundanter Fly-by-wire-Steuerung. Einsätze lassen sich durch eine ausfahrbare Nachtankvorrichtung am Bug ausdehnen, das Fahrwerk ist an den beiden Hauptbaugruppen je sechsfach und am Bugrad doppelt bereift. Die Avionik vereint zahlreiche Rechner, Sensoren, Kontroll-, Navigations- und Zielanlagen, Warnempfänger und Geräte zur elektronischen Kampfführung. Es gehören ein »Obsor-K«-Radar für Navigation und Angriff, ein DISS-7-Dopplerradar sowie ein »Sopka«-Radar für den Geländefolgeflug dazu, ergänzt um Satellitennavigation. Den Antrieb leisten vier mächtige Strahlturbinen, die paarweise unter dem Tragwerk angebracht wurden.

Noch bevor die Flugerprobung begann tauchte ein unscharfes Foto des ersten Tu-160-Prototyps auf und sorgte für große Aufmerksamkeit. Anfangs als Satellitenaufnahme deklariert und später einem Fluggast einer startenden Passagiermaschine zugeschrieben, war der Prototyp neben zwei Überschallverkehrsflugzeugen Tu-144 auf dem im Westen auch als Ramenskoje bekannten Testgelände abgestellt und erhielt deshalb den vorläufigen Meldenamen »Ram-P«. Später wurde der einprägsame NATO-Code »Blackjack« populär. Der Prototyp leitete die Flugerprobung am 19. Dezember 1981 ein und erreichte im Februar des Folgejahres erstmals Überschallgeschwindigkeit. Eine zweite Versuchsmaschine diente wie auch die ersten, ab 1984 gelieferten Serienmaschinen weiteren Tests. Im April 1987 erfolgte die Übergabe der ersten Exemplare an das 184. Schwere Bombenfliegerregiment in Priluki, Ukraine. Für Aufsehen sorgten bald die 1989/90 aufgestellten 44 Weltrekorde, hauptsächlich in Bezug auf Zuladung und Geschwindigkeit. Nach den ersten zwei Staffeln in Priluki wurden ab 1992 die ersten Tu-160 auf der russischen Luftwaffenbasis Engels stationiert. Mit dem Zerfall der Sowjetunion gab

Василий

Der Start einer Tu-160 mit vollem Nachbrennerschub, also vier Mal 245 kN, ist atemberaubend. Je nach Abfluggewicht beträgt die Startstrecke zwischen 1000 und 2200 Meter. (Foto: Juri Kiseljow)

es ungeklärte Besitzansprüche zwischen den beiden nun unabhängigen Staaten Russland und Ukraine, die einen großen Teil der strategischen Bomber sowie dazugehörige Lenkwaffen einbezog. Ende der 1990er-Jahre besaß die Ukraine mit 19 Tu-160 die meisten der Einsatzmaschinen, die sie gemäß dem START I-Abkommen bis Ende 2001 nicht mehr fliegen durfte. So wurden 10 davon verschrottet, eine landete im Museum und der Rest samt Marschflugkörper wurde an Russland abgegeben und mit Altschulden aus Gaslieferungen verrechnet. Russland hat bis heute alle Tu-160 in Engels zusammen gezogen, eine wunschgemäße Anschaffung von 100 Exemplaren erfüllte sich aber nicht. Das hatte sowohl mit Änderungen der weltpolitischen Lage, als auch mit finanziellen Engpässen zu tun. Der Einsatz des riesigen Bombers gestaltete sich kostspielig und war von verschiedenen technischen Problemen gekennzeichnet. Es gab Defizite mit den Triebwerken, dem Kraftstoffsystem und keine einheitlichen Standards, die mitunter Flugverbote nach sich zogen. Andererseits demonstrierten Tu-160 mehrmals ihre Stärke, unternahmen extreme Langstreckenflüge und absolvierten im November 2015 erstmals Kampfeinsätze, als sie insgesamt 64 Marschflugkörper auf Ziele in Syrien abfeuerten. In der Vergangenheit realisierte Russland mehrere Teilmodernisierungen an mehreren Exemplaren im Tu-160M1-Programm und will nun die Produktion neu starten. Hierzu war 2014 das technische Design für die neue Variante Tu-160M2 abgeschlossen, eine Ende 2017 fertig gestellte und im Januar 2018 eingeflogene Maschine soll der Erprobung der neuen Systeme dienen. Die Tu-160M2 kommt in den Genuss neuer Avionik und Datenvernetzung, eines Glascockpits mit Multifunktionsbildschirmen, neuer Lenkwaffen

Bei hohen Geschwindigkeiten sind die Tragflächen der Tu-160 voll zurück geschwenkt, zwischen festen und beweglichem Abschnitt stellen sich vertikale Flächen als Grenzschichtzäune auf. (Foto: Jewgeni Kazennow)

Die aerodynamisch ausgewogene Silhouette einschließlich dem spitzem Bug bietet nur eine geringe Radarrückstrahlfläche. Nicht von ungefähr wird die Tu-160 in Russland auch »Weißer Schwan« genannt. (Foto: UAC)

Diese noch unlackierte »Blackjack« zeigt gut die Verschmelzung von Rumpf und Tragwerk auf. An der Flugzeugzelle wurden vor allem Aluminium- und Titanlegierungen, aber auch hochwertige Stahllegierungen und ein geringer Prozentsatz an Verbundwerkstoffen verwendet. (Foto: Rob Schleiffert)

Eine Tu-160 der russischen Luftwaffe über Moskau. Der Tankstutzen am Bug ist ausgefahren und rechts im Bild erkennt man die Nachtanksonde eines Tankflugzeugs im Vordergrund. (Foto: Alex Beltyukov / russianplanes.net)

Zwei Tu-160 lösen ihre Formation. Alle verfügbaren Einsatzmaschinen sind heute auf der Luftwaffenbasis Engels stationiert. (Foto: Juri Kiseljow)

sowie verbesserten Triebwerken. Die sollen nicht nur sparsamer sein, sondern durch andersartige Metalllegierungen höhere Temperaturen verkraften sowie weniger Ausfälle und Wartungsaufwand generieren. Hierzu wurde der Triebwerkshersteller 2014 beauftragt, nach 25 Jahren Unterbrechung die Produktion des nunmehr als NK-32-2 bezeichneten Aggregats wieder aufzunehmen. Nach den ursprünglich 36 hergestellten Exemplaren hoffen die russischen Streitkräfte nun auf die Fertigung von 50 neuen Tu-160M2, die im kommenden Jahrzehnt in Dienst gehen sollen.

USA

Boeing B-50 Superfortress

Boeings Model 294 (XB-15) sowie die B-17 waren richtungsweisend für den modernen Bomberbau. Letztere erhielt aufgrund der schweren Abwehrbewaffnung den Beinamen »Flying Fortress« – »Fliegende Festung« – und sie bot ausreichend Spielraum für eine leistungsfähigere Weiterentwicklung. Die Studien führten dann zum Model 345, einem großen Ganzmetall-Mitteldecker mit vier 18-Zylinder-Sternmotoren und Turboladern, Druckkabinen für die Besatzung, einer großen Waffenlast und zahlreichen, ferngesteuerten Abwehrständen. Als XB-29 unternahm der erste Prototyp am 21. September 1942 seinen Erstflug, vierzehn Vorserienmaschinen YB-29 folgten ab dem nächsten Jahr. Auch die Serienproduktion lief 1943 an, ab 1944 fertigten zudem Bell und Martin den Bomber. Mit dem Dienstantritt galt es, verschiedene Mängel zu beseitigen und es bedurfte einer gewissen Erfahrung, bis die Besatzungen das Potenzial und die technologischen Neuerungen der B-29 auszunutzen vermochten. Schließlich wurde die Superfortress zum modernsten Bomber des Zweiten Weltkrieges und flog gewaltige Angriffe, nicht nur auf wirtschaftliche und infrastrukturelle Ziele, sondern auch zur Demoralisierung der Zivilbevölkerung. Höhepunkte waren in der Nacht vom 9. zum 10. März 1945 der schwerste, hierbei mit Brandbomben ausgeführte Luftangriff des II. Weltkrieges auf Tokio und nicht zuletzt die beiden Atombombenabwürfe auf Hiroshima und Nagasaki im August.

Flugzeugtyp	B-50D Superfortress
Verwendung	Langstreckenbombenflugzeug
Besatzung	8
Triebwerk	vier Pratt & Whitney R-4360-35 mit je 2610 kW
Spannweite	43,05 m
Länge	30,18 m
Höhe	9,96 m
Flügelfläche	161,55 m^2
Leermasse	36.764 kg
Startmasse max.	77.473 kg
Höchstgeschwindigkeit	610 km/h
Marschgeschwindigkeit	420 km/h
Dienstgipfelhöhe	11.200 m
Reichweite	7840 km
Bewaffnung	eine 20-mm-MK IH M2 mit 100 Schuss im Heck, zwölf 12,7-mm-MG Browning M2 im Heck sowie auf und unter dem Rumpf sowie bis 9072 kg Bomben im Rumpfschacht

Hauptunterscheidungsmerkmal zum Vorgänger B-29 waren das deutlich sichtbar größere Seitenleitwerk der B-50 für eine ausreichende Richtungsstabilität. (Foto: USAF)

Nach Beendigung des II. Weltkrieges wurde die Bestellung über mehr als 5000 B-29 gecancelt und die Produktion lief im Mai 1946 nach insgesamt 3960 Flugzeugen aus. Mit der Entstehung der US-Luftwaffe als eigenständige Streitmacht im Jahre 1947 waren sechs Bomb Groups mit der B-29 ausge-

Unter der linken Tragfläche trägt die oben abgebildete B-29 einen Versuchsflugkörper X-7 mit Staustrahltriebwerk, der Anfang der 1950er-Jahre erprobt wurde. Die EB-50D darunter wurde als Trägerflugzeug für den X-9-Testflugkörper genutzt. (Grafik: Manfred Meyer)

rüstet, die 509. war atomwaffenfähig. So spielte die Superfortress fortan einen wichtigen Part der US-amerikanischen Abschreckungspolitik während des aufkommenden Kalten Krieges und mündete ab 1950 im Koreakrieg als nächst größeren Konflikt. Hier flog die B-29 rund 21.000 Einsätze und warf 167.000 Tonnen Bomben ab. Dazu zählten mehr als 350 funkgesteuerte Lenkbomben. Andererseits offenbarte sich in diesem Konflikt auch die Verwundbarkeit durch gegnerische, mit Strahltriebwerk ausgestattete MiG-Jäger.

Schon Anfang 1945 wurde eine XB-44 genannte Versuchsmaschine mit vier 28-Zylinder-Sternmotoren vom Typ Pratt & Whitney R-4360-45 eingeflogen, die im Juli 1945 von der US Army Air Force bestellt wurde. Die Order wurde mit Beendigung des II. Weltkrieges auf zunächst 60 Maschinen gekürzt, die Typenbezeichnung änderte sich Ende 1945 von B-29D in B-50A. Während die Zusatzbezeichnung Superfortress blieb, gab es außer den neuen Motoren weitere Änderungen. Inbegriffen waren u.a. gewichtseinsparende, aber robustere Legierungen am Tragwerk, ein verstärktes Fahrwerk für höhere Startmassen, ein höheres, großflächigeres Seitenleitwerk, modifizierte Enteisungs- und auch Bordsysteme. Letztlich stimmten die Baugruppen nur noch zu 25% mit denen der B-29 überein.

Eine B-50A war am 25. Juni 1947 zum ersten Mal geflogen, die Indienststellung erfolgte im Juni 1948 zuerst beim 43. Bombergeschwader auf der Davis-Monthan Air Force Base in Arizona. Nach verschiedenen Problemen, auch mit den Triebwerken, gab es Startverbot und nachfolgend Modifizierungen. Im Januar 1949 flog die neue Version B-50B erstmals. Für Testzwecke ging das erste Exemplar an Boeing zurück, die nachfolgenden wurden zu Aufklärern umgerüstet. Ab 1951 erfolgte eine nochmalige Umrüstung zu RB-50E, F und G mit unterschiedlichem Aufklärungsequipment. Seit 1949 flog außerdem die B-50D, die zur Hauptserienversion werden sollte. Sie erhielt einen neuen, aus einem Stück gefertigten Rumpfbug, ein besseres Radar, eine Nachtankvorrichtung sowie Zusatztanks unter den Tragflächen. Die Besatzungsstärke wurde auf acht reduziert und die Lieferungen an das Strategic Air Command der USAF begannen im Juni 1949. Doch auch

mit der B-50D gab es zahlreiche Probleme, die nachfolgend in Tausenden von Arbeitsstunden eliminiert werden mussten. Während die B-50A bis 1954 ausgemustert wurde und einige als Trainer TB-50A weiterflogen, schied die B-50D bis Oktober 1955 aus den aktiven Bomberverbänden aus. Auch hier gab es einige Umbauten zu Trainern TB-50D, andere wurden ab 1956 beim Tactical Air Command als Tankflugzeuge KB-50D genutzt. Zwei Jahre später modernisierte Hayes Industries 112 Maschinen davon mit einem Dreipunkt-Betankungssystem sowie zwei zusätzlichen je 25 kN leistenden Strahltriebwerken von General Electric, zum anderen wurden die Abwehrstände entfernt. Die ab September 1952 neu gebauten Systemtrainer

Mit Beginn des Kalten Krieges befanden sich die B-50 in ständiger Alarmbereitschaft, wurden in der Bomberrolle aber bald durch modernere Typen verdrängt. (Foto: USAF)

TB-50H wurden ebenfalls zu Tankern unter der Bezeichnung KB-50K. Des Weiteren gab es einige WB-50D als Wetteraufklärer sowie eine einzelne DB-50D als experimenteller Raketenträger. Die Tankerversionen wurden noch im Indochinakrieg verwendet, bis der Dienst dort Anfang 1965 endete. Als letzter Kolbenmotorgetriebener Bomber Boeings wurden von allen B-50-Versionen 371 Exemplare hergestellt.

Erwähnenswert ist noch, dass den Vereinigten Staaten mit der B-50 die erste Erdumrundung ohne Zwischenlandung nach 94 Stunden und sechsmaligem Auftanken in der Luft gelang. Dabei legte die mit »Lucky Lady« betitelte Maschine bis zum 2. März 1949 nonstop 37.742 km zurück.

Boeing B-47 Stratojet

Mindestens vier US-Hersteller beschäftigten sich Mitte der 1940er-Jahre mit strahlgetriebenen Bombern, auch Boeing konnte mit mehreren Vorschlägen aufwarten und erhielt schließlich für sein Model 450 den Zuschlag. Nach dem Zugang zu deutschen Forschungsergebnissen war diese Entwicklung von Beginn an mit einem gepfeilten Schulterdeckertragwerk großer Streckung und recht dünner Struktur versehen worden, unter dem auch die Strahltriebwerke angebracht wurden. Die beiden inneren Gondeln nahmen je zwei und die äußeren je ein Triebwerk auf. Als Fahrwerk kamen zwei doppelt bereifte Hauptbaugruppen in Tandemanordnung sowie einfache Stützräder, die in die inneren Triebwerksgondeln einzogen, zur Anwendung. Der Rumpf nahm neben Kraftstoff, Avionik und den Abwurfwaffen auch die Besatzung auf. Im Bugteil war der Navigator/Bombenschütze untergebracht, Pilot und Copilot saßen hintereinander in einer Kanzel auf der Rumpfoberseite. Alle drei konnten sich bei späteren Serienausführungen in Gefahrensituationen per Schleudersitz in Sicherheit bringen. Die zwei im Heck befindlichen Abwehrkanonen wurden vom Copiloten manuell oder vom Feuerleitradar automatisch betätigt. Das Design des Bombers erschien fortschrittlich und zwei Prototypen wurden als XB-47 in Auftrag gegeben. Der erste unternahm den Erstflug am 17. Dezember 1947, der zweite im

Flugzeugtyp	**B-47E-II Stratojet**
Verwendung	Langstreckenbombenflugzeug
Besatzung	3
Triebwerk	sechs General Electric J47-GE-25A mit je 32 kN
Spannweite	35,36 m
Länge	33,48 m
Höhe	8,51 m
Flügelfläche	132,66 m²
Leermasse	36.631 kg
Startmasse max.	99.792 kg
Höchstgeschwindigkeit	975 km/h
Marschgeschwindigkeit	850 km/h
Dienstgipfelhöhe	12.345 m
Reichweite	6495 km
Bewaffnung	zwei 20-mm-MK M24A1 mit je 350 Schuss im Heck sowie bis 9072 kg Bomben im Rumpfschacht

Im Frühjahr 1951 begann die Zuführung der B-47D an die Bombergeschwader der US Air Force, sie und ihre Nachfolgeversionen verhalfen dem Strategic Air Command zu seiner größten Stärke. (Foto: USAF)

Mit einem Satz Starthilfsraketen legt diese Stratojet einen beeindruckenden Start hin. (Foto: USAF)

Juli des darauf folgenden Jahres. Ab Juni 1950 folgten zehn Vorserienmaschinen als B-47A zur Schulung und Einsatzerprobung und ab April 1951 die Serienflugzeuge B-47B. Neben einigen Änderungen an der Zelle konnten diese stärkere Triebwerke, Starthilfsraketen, Abwurftanks und eine Nachtankvorrichtung nutzen. Die Indienststellung begann die US-Luftwaffe noch 1951, zuerst auf der MacDill Air Force Base, Florida beim 306. Bombergeschwader des Strategic Air Command. Im Laufe der 1950er-Jahre wuchs die Flotte auf rund 30 Geschwader mit über 100 Staffeln an, welche die B-47 und dabei vorwiegend in der Hauptserienversion B-47E flogen. Die B-47E war im Januar 1953 erstmals in der Luft, neben neu gebauten Maschinen wurden auch annähernd 200 der Version B-47B auf diesen Standard umgerüstet. Die Neuerungen betrafen Avionikbaugruppen einschließlich einem modernen MA-7A-Feuerleitsystem, ein robusteres Fahrwerk und andere Strukturverstärkungen, serienmäßig eingebaute Schleudersitze für die mit Druckanzügen ausgestattete Crew oder auch ein abwerfbares Gestell mit 33 statt zuvor 18 Starthilfsraketen. Die Startmasse des Bombers war gestiegen und erforderte leistungsstärkere Versionen des J47-Triebwerks. Nochmalige Modernsierungen wiederum hauptsächlich im Avionikbereich, aber auch in Form von erhöhter Kraftstoffkapazität, führten ab Ende der 1950er-Jahre zu den Bezeichnungen B-47B-II-, E-II-, E-III und E-IV. Aufgrund der Tiefflugpraktiken mussten zudem Tragflügelbereiche verstärkt werden. Ferner spielte auch die Baureihe RB-47E als Aufklärer eine wichtige Rolle, die sekundär weiterhin als Bomber eingesetzt werden konnte. Die RB-47H diente der Erfassung von Radarsignalen, die RB-47K und WB-47E der Wetteraufklärung, TB-47B als Schulmaschinen,

EB-47 als Relaisflugzeuge und es gab zahlreiche weitere Umbauten zu Drohnen- und Versuchsflugzeugen mit separaten Bezeichnungen.

Die B-47 war in erfolgreiches Bombenflugzeug mit guten Leistungen und Flugeigenschaften. Trotzdem waren die Anforderungen durch die Reduzierung auf eine dreiköpfige Crew und speziell an die Piloten aufgrund des Übergangs vom Kolbenmotor- zum Strahlantrieb hoch. Neben den höheren Geschwindigkeiten erforderten die Start- und Landeeigenschaften sowie neuartige Angriffsverfahren ein Umdenken im Einsatzbetrieb, der zugleich von einem höheren logistischen Aufwand am Boden gekennzeichnet war. Eine straffe Führung seitens des Strategic Air Command, verbunden mit ständiger Alarmbereitschaft und unermüdlichem Training führten zu einer hohen Einsatzstärke der B-47-Verbände. Eine Vielzahl groß angelegter Manöver, Rund-um-die-Uhr-Bereitschaften, das Proben von Intervallstarts mehrerer Flugzeuge im 15-Sekunden-Takt und sehr realitätsnahe Einsatzflüge, die zahllose Bombenangriffe auf Städte simulierten, waren Bestandteil der Ausbildung. Trotzdessen gingen rund 200 B-47 durch Unfälle und auch Atombomben während des Fluges verloren. Glücklicherweise explodierte keine dieser Waffen und Kontaminierungen am Boden konnten nur begrenzt festgestellt werden. Mit dem Aufkommen von Luftabwehrraketen sollten die B-47 zunehmend Tiefflugeinsätze absolvieren, was zu schnellerer Materialermüdung führte. Ab 1955 wurde außerdem das Schleuderwurfverfahren von Atombomben mittels LABS-System erprobt, was eine weitere Belastung für die Zellenstruktur darstellte. Die Ausrüstung der US-Bomberverbände mit der B-47 ging einher mit der Schaffung eines weltweiten Stützpunktsystems oder auch infrastrukturellen Neuerungen auf den Bomberbasen selbst, wozu die Schaffung unterirdischer

Die elegante Form der B-47 zeigt sich in diesem Bild. Im Verbund mit sechs Strahltriebwerken verhalfen Pfeilflügel der Stratojet zu guten Leistungen. Hier ein Aufklärer RB-47E, der in der Zweitrolle ebenfalls als Bomber einsetzbar war. (Foto: USAF)

Diese B-47E absolvierte im Juni 1986 den allerletzten Flug einer Stratojet. Nach Jahren harter Arbeit wurde die Maschine in flugfähigen Zustand versetzt und ins Museum der Castle Air Force Base in Colorado überführt. Im Hintergrund eine Lockheed T-33. (Foto: US DoD)

Bereitschaftsräume, Quartiere und Versorgungsleitungen zählten. B-47 kamen regelmäßig auch von Guam, Großbritannien, Marokko und Spanien aus zum Einsatz und flogen z.T. extrem lange Missionen mit mehreren Nachtankmanövern. Höhepunkt war der Flug einer B-47 im November 1959, als dank zahlreicher Luftbetankungen eine Strecke von mehr als 62.000 km in über drei Tagen Flugzeit zurückgelegt wurde ! Außerdem wurde eine Vielzahl von Aufklärungsflügen über der damaligen Sowjetunion, Osteuropa und China publik, von denen mindestens zwei mit Abschüssen durch Jagdflugzeuge endeten.

Der Serienbau, der auch von den Unternehmen Douglas und Lockheed mitgetragen wurde, endete im Jahr 1957 nach insgesamt 2041 Exemplaren. Im gleichen Jahr hatte die B-47-Flotte ihre größte Sollstärke erreicht, ab 1963 wurde die Außerdienststellung als Bomber eingeleitet. In dieser Funktion endete der Einsatz der Stratojet schließlich 1965, andere Versionen zur Aufklärung oder elektronischen Kampfführung flogen noch bis Mitte der 1970er-Jahre.

Boeing B-52 Stratofortress

Flugzeugtyp	B-52H Stratofortress
Verwendung	Langstreckenbombenflugzeug
Besatzung	6
Triebwerk	acht Pratt & Whitney TF33-P-3 mit je 75,6 kN
Spannweite	56,39 m
Länge	49,05 m
Höhe	12,34 m
Flügelfläche	371,60 m^2
Leermasse	87.100 kg
Startmasse max.	229.086 kg
Höchstgeschwindigkeit	1040 km/h
Marschgeschwindigkeit	909 km/h
Dienstgipfelhöhe	16.765 m
Reichweite	16.085 km
Bewaffnung	anfangs eine sechsläufige 20-mm-MK M61A1 »Vulcan« mit 1200 Schuss im Heck sowie bis 34.000 kg Bomben, Minen, Waffendispenser, Marschflugkörper, gelenkte Luft-Boden-Raketen im Rumpfschacht sowie an zwei Mehrfachträgern unter dem Tragwerk

Spätestens seit den Flächenbombardements im Vietnamkrieg ist die B-52 zum Synonym eines schweren Langstreckenbombers geworden, der gewaltige Waffenlasten zum Einsatz bringen kann. Das ist bis heute so. Und es soll für weitere Jahrzehnte so bleiben, denn aktuellen Planungen des Pentagon zufolge ist eine Außerdienststellung des einzigartigen Flugzeugs nicht vor dem Jahr 2040 vorgesehen. Damit hat die B-52 gleich mehrere designierte Nachfolger überlebt und alle Voraussagen weit übertroffen. Selbst die zuletzt ausgelieferten Exemplare wären dann rund 80 Jahre im Einsatz!

Ende 1948 nahm der B-52-Entwurf konkrete Formen an, war allerdings zunächst mit Propellerantrieb geplant. Binnen kurzer Zeit erfolgte aber eine Umkonstruktion unter Verwendung von Strahltriebwerken und Boeing erhielt den Auftrag über zwei Prototypen. Mit dem ersten wurden als XB-52 ab Ende 1951 Tests am Boden durchgeführt, während der zweite, YB-52 genannte Prototyp am 15. April 1952 die Flugerprobung einleitete. Noch im selben Jahr startete auch die XB-52 am 2. Oktober zu ihrem ersten Flug. Schließlich setzte sich das Konzept gegen die nicht minder beeindruckende YB-60 von Convair durch und drei als Serienflugzeuge deklarierte B-52A unterstützten ab August 1954 die Erprobungen. Schon mit der B-52A hatte es mehrere Hundert Designänderungen gegeben. Der Rumpf wurde länger und nahm ein neu entworfenes Cockpit auf, während die Prototypen noch über eines mit Sitzen in Tandemanordnung ähnlich der B-47 besaßen. Es kamen eine Nachtankvorrichtung und ein stärkerer Antrieb in Form von leistungsfähigeren J57-Triebwerken zum Einbau. Weitere Merkmale der B-52 waren ein um 35 Grad gepfeilter Tragflügel, dessen Wurzel in Schulterhöhe befestigt war und sich zu den Enden hin verjüngte. Hier war auch der Anstellwinkel des Tragwerks wesentlich geringer als am Flügelansatz. Unter dem Tragwerk gab es vier Gondeln mit je zwei Triebwerken, das Höhenleitwerk am Heck besaß Deltaform. Die mächtige Seitenflosse konnte am Boden nach rechts geklappt werden und erleichterte den Zugang zu Flugzeughallen, die wie auch Standplätze oder Rollbahnen und Pisten wegen Größe und Eigenschaften der B-52 umgebaut werden mussten. Als Fahrwerk verwendete der Bomber steuerbare Tandembaugruppen zu zwei Paaren mit je zwei Rädern, weit außen am Tragflügel gab es zudem einfach bereifte Stützausleger. Im Heck war zur Verkürzung der Landestrecke ein Bremsschirm untergebracht, außerdem befand sich dort ein druckbelüfteter Abwehrstand mit einem Bordschützen, der im Notfall als Ganzes absprengbar war.

Einsatzreife innerhalb des Strategic Air Command der USAF erlangte schließlich die B-52B. Im Juni 1955 begann die Zuführung zuerst an das 93. Bombergeschwader auf der Castle Air Force Base in Kalifornien, wo fortan unzählige B-52-Crews geschult wurden und bis Ende des Jahres erfolgte die Übernahme von 18 Maschinen. Im nächsten Jahr wurden bereits fünfmal so viele B-52 ausgeliefert und die volle Einsatzbereitschaft des Bombers vermeldet. Wegen technischer Probleme gab es 1956 aber auch ein mehrwöchiges Startverbot, sodass verschiedene Systeme überarbeitet werden mussten. Man war auf dem richtigen Weg, Trainingsmethoden wurden verfeinert und ausgebaut und neue Versionen in den Serienbau überführt. Ab März 1956 flog die B-52C mit einigen Verbesserungen. Die Startmasse stieg auf mehr als 200.000 kg an, neue Zusatztanks unter den Tragflächen erhöhten die Reichweite. Schon im Juni folgte die strukturell verstärkte B-52D und nahm Ende des Jahres ihren Dienst auf. Sie konnte eine höhere Waffenlast schleppen, im Bombenschacht und an Außenlastträgern konnten z.B. bis zu 108 der 227-kg-Sprengbomben Mk.82 mitgeführt werden, andere Optionen waren weiterhin Atombomben wie die B28 mit 1 MT Sprengkraft.

Der zweite Prototyp YB-52 leitete die Flugerprobung der Stratofortress ein. Pilot und Copilot verfügen noch über ein Tandemcockpit ähnlich der B-47. (Foto: USAF)

Die Baureihe B-52G erhielt einen längeren Rumpf sowie die stark verkürzte Seitenflosse. Der Bordschütze gelangte zum übrigen Teil der Crew, die bemannte Heckkanzel entfiel damit. (Foto: US DoD)

Später konnte die B-52D auch mit zwei Marschflugkörpern AGM-28 »Hound Dog« bewaffnet werden, die Zweitrolle als Langstreckenaufklärer entfiel endgültig. Andererseits war die Mitnahme von ADM-20-Decoys möglich, um als Köder das Profil einer B-52 zu imitieren und die gegnerische Luftabwehr zu täuschen. Die B-52D wurde zuerst an das 42th Bomb Wing auf der Loring Air Force Base in Maine übergeben, zum Schluss hatten mindestens 20 Geschwader den Bomber geflogen. Immerhin acht Einsatzgeschwader übernahmen die nachfolgende Baureihe B-52E, welche ab Oktober 1957 flog. Sie zeichnete sich vor allem durch Verbesserungen im Avionikbereich wie dem Navigations- und Angriffssystem AN/ASQ-38 oder einem neuen Hauptrechner aus. Tiefflugeinsätze ließen sich nun effizienter gestalten, Modernisierungen im Cockpit erleichterten die Arbeit. Ein weiteres Jahr und eine weitere Variante erschien mit der B-52F. Die profitierte von leistungsstärkeren Pratt & Whitney-Turbinen J57-P-43 mit je 61 kN Schub in neugestalteten Gondeln, eine Anpassung erlaubte später den Einsatz der atomaren »Hound Dog«-Marschflugkörper. Als fortschrittliche Weiterentwicklung startete im Oktober 1958 schließlich die B-52G zu ihrem Erstflug, sie sollte mit 193 Exemplaren zugleich die meist gebaute Version der Stratofortress werden. Zu den Neuerungen zählte eine verstärkte Zelle und eine erhöhte Kraftstoffkapazität, die Einrüstung von Störsender und Warnempfänger sowie zahlreiche überarbeitete Komponenten. Zudem wurde der Rumpf verlängert und das Seitenleitwerk um mehr als 2 m gekürzt. Der Bordschütze fand nunmehr bei der übrigen Besatzung Platz, welche neue Schleudersitze erhielt, und bediente fortan ein neues AN/ASG-15-Feuerleitsystem für die Abwehrbewaffnung im Heck. Die B-52G konnte gleich den »Hound Dog«-Marschflugkörper oder Decoys vom Typ ADM-20 »Quail« verwenden. Als erstes von später insgesamt

Unter Zuhilfenahme eines Bremsschirms verkürzt diese B-52H ihre Landestrecke. Zu Anfang der 1980er-Jahre besitzt der Bomber noch ein mehrfarbiges Tarnschema. (Foto: US DoD / Bill Thompson)

Unter den Tragflügelpylonen trägt diese B-52G sechs AGM-86B-Marschflugkörper, die Aufnahme weiterer dieser Lenkwaffen im Bombenschacht wurde nicht verwirklicht. (Foto: USAF)

26 Bombergeschwadern erhielt das 5th Bomb Wing auf der kalifornischen Basis Travis die B-52G im Februar 1959, noch im gleichen Jahr erfolgten erste Testabwürfe mit der »Hound Dog«. Im Laufe der Einsatzzeit gab es weitere Modifikationen, welche die Nutzung neuer Waffen wie der AGM-69 SRAM ab den 1970er-Jahren einschlossen. Inzwischen gehörte auch die letzte Serienversion des mächtigen Bombers zum Inventar der US-Luftwaffe, die als Umbaumaschine im Juli 1960 und als Serienausführung B-52H im März 1961 ihren Erstflug gemacht hatte. Sie war mit stärkeren und zugleich wirtschaftlicheren Triebwerken des Typs TF33 ausgerüstet, erhielt moderne Anlagen zur elektronischen Abwehr, ein überarbeitetes Heck mit einer sechsläufigen 20-mm-»Vulcan«-Kanone und einem dazugehörigen AN/ASG-21-Feuerleitsystem zur Selbstverteidigung und konnte dank strukturellen Änderungen problemlos Tiefflugeinsätze durchführen. Erster Einsatzverband der B-52H wurde im Frühjahr 1961 das 379. Bombergeschwader auf der Wurtsmith AFB, Michigan, 16 weitere folgten. Die Geschwader bestanden üblicherweise aus jeweils drei Bomberstaffeln mit je 15 Flugzeugen. Die letzte B-52H wurde im Oktober 1962 zur Minot AFB geliefert, sie war die letzte von insgesamt 744 Exemplaren aller gebauten Stratofortress-Versionen.

Während die B- und C-Modelle der B-52 bis 1966 ausgemustert wurden, hielt sich die B-52E bis 1970 im Dienst. Für die anderen Baureihen gab es etliche Kampfwertsteigerungen, Überholungen an der Flugzeugzelle und Modernisierungen für viele weitere Dienstjahre. Bis Ende der 1960er-Jahre schieden auch die meisten B-52F aus dem regulären Einsatz, ein Restbestand wurde zu Trainingszwecken auf der Castle AFB bis 1978 betrieben. Der Großteil der B-52D befand sich bis

Bis heute steht die Finalvariante B-52H im Dienst der US-Luftwaffe, dank zeitgemäßer Aufwertungen besitzt der Langstreckenveteran noch immer ein beträchtliches Kampfpotenzial. (Foto: USAF)

Die beeindruckende Fahrwerkskonstruktion der B-52 besteht aus zwei doppelt bereiften Paaren in Tandemanordnung, weiter außen gibt es zudem Stützräder unter den Tragflächen. (Foto: Heiko Thiesler)

Ende der 1970er/Anfang der 1980er-Jahre im Dienst, in Loring, Maine sowie Mountain Home, Idaho dauerte er sogar bis 1994 an. Im selben Jahr endete auch der Einsatzbetrieb mit der B-52G in der Doppelrolle mit konventionellen und nuklearen Kampfmitteln, während die B-52H bis heute ein wichtiges Glied der US-amerikanischen Triade der nuklearen Abschreckung darstellt. Gleichfalls kann sie eine große Auswahl konventioneller Waffen einsetzen, deren Schwerpunkt zunehmend bei präzisionsgelenkter Munition liegt. Seit Jahren werden große finanzielle Mittel aufgewendet, um die B-52H immer neuen Anforderungen und geänderten Gefechtsbedingungen anzupassen. Wichtige Modernisierungen betrafen Avionikkomplexe, die Anlagen zur elektronischen Abwehr und Kampfführung, Täuschkörperwerfer, Infrarotscanner, Echtzeitdatenvernetzung, Kommunikationsgeräte, GPS, die Mitnahme von Zielbehältern wie »Litening« und »Sniper«, und natürlich die Anpassung an neue Waffensysteme. Hier hielten neue Generationen von Marschflugkörpern über die AGM-86 und AGM-129 bis zur AGM-142 und AGM-158 Einzug ins Waffenarsenal, es kamen Anti-Schiffs-Lenkwaffen »Harpoon« und eine Vielzahl von Präzisionsbomben der GBU-Serie oder die AGM-154 dazu. Damit zählt sie bis heute zu den schlagkräftigsten Mitteln der US-amerikanischen Militärdoktrin. Hoch ist auch die Anzahl ihrer in der Vergangenheit absolvierten Kampfeisätze.

Bereits ab Juni 1965 verwendete die USAF die B-52 in den Varianten D, F und G im Vietnamkrieg und im Laufe des Konflikts zu Bombardierungen in zuvor nicht gekanntem Ausmaß. Die Bomber starteten von Guam, Japan und Thailand aus zu insgesamt 124.532 Einsätzen, um Spreng-, Splitter- und auch Napalmbomben auf Ziele in Kambodscha, Laos und Vietnam abzuwerfen. Deren Höhepunkt stellten die »Linebacker II«-Operationen im Dezember 1972 dar. Bereits am ersten Tag waren 87 B-52-Bomber beteiligt, die in drei Wellen Angriffe flogen. In der elftägigen Kampagne trafen in 729 Einsätzen über 15.000 Tonnen Bomben infrastrukturelle und militärische Ziele, Hafen- und Eisenbahnanlagen sowie die Energieversorgung, aber auch Teile der Zivilbevölkerung schwer. Während »Linebacker II« wurden 16 B-52 abgeschossen, andere konnten trotz Direkttreffer aufgrund ihrer Robustheit sicher zu den Stützpunkten zurückkehren. Zwei B-52D konnten Luftsiege für sich verbuchen und am 18. sowie am 24. Dezember 1972 je einen MiG-21-Jäger der nordvietnamesischen Luftwaffe mittels ihrer Abwehrwaffen im Heck abschießen. Die wiederum beanspruchen auch mindestens zwei B-52-Abschüsse für sich. Die B-52D waren speziell ab Ende 1965 zur Aufnahme einer höheren Waffenlast modifiziert worden und konnten bis zu 50% mehr als die eingesetzten B-52F aufnehmen. Über Südostasien gingen insgesamt mehr als 30 B-52, auch durch Unfälle verloren, Jahre später, im Golfkrieg 1991 wurde nur ein B-52-Verlust gezählt. Hier führten die Bomber mit die ersten Aktionen innerhalb der Operation »Desert Storm« durch und feuerten 35 AGM-86C-Marschflugkörper in der Nacht vom 16./17. Januar 1991 auf irakische Ziele. Diese B-52 waren von der Barksdale AFB, Louisiana gestartet, wurden während ihres Einsatzes mehrmals in der Luft betankt und landeten nach der 35-stündigen Mission wieder auf ihrer Ausgangsbasis – die bis dahin längsten Einsätze in der Luftkriegsgeschichte. Weitere der insgesamt 1624 B-52-Einsätze wurden vor allem von der im Indischen Ozean gelegenen Basis Diego Garcia geflogen, sowohl tags als auch nachts. Hierbei kam ausschließlich die Version B-52G zum Einsatz und mit 25.700 Tonnen Bomben warfen sie rund ein Drittel aller Bomben der US-Luftwaffe in diesem Konflikt ab. In der irakischen Armee hinterließen die Flugzeuge eine große psychologische Wirkung, manche der Bombeneinsätze wurden mit Flugblättern angekündigt. Die Stratofortress spielte auch danach eine wichtige Rolle, nunmehr in der Variante B-52H. So feuerten sie während »Desert Strike« 1996 und »Desert Fox« 1998 wiederum zahlreiche Marschflugkörper auf irakische und 1999 auf serbische Ziele. Hier starteten die B-52 vom britischen Fairford aus und setzten rund 70 AGM-86 ein, danach erfolgten Angriffe mit Sprengbomben. Ab Oktober 2001 fanden innerhalb der Operation »Enduring Freedom« Kampfeinsätze über Afghanistan statt, ein halbes Jahr später flogen B-52H den 500. Angriff. Aus großer Höhe wurden dabei auch präzisionsgelenkte JDAM-Bomben und Waffendispenser eingesetzt. Ab 2003 erfolgten B-52-Einsätze beim erneuten Waffengang gegen Irak und im Zusammenspiel mit »Litening«-Zielbehältern erstmals

Die Abwehrbewaffnung der B-52H wurde mittlerweile entfernt, der lange Heckausleger trägt Avionik inklusive Radarwarnempfänger. (Foto: Heiko Thiesler)

Die auffällig lackierte NB-52A oben flog zahlreiche Einsätze mit dem Raketenflugzeug X-15, das sie unter dem Tragwerk auf eine Startposition in großer Höhe brachte. Auch die darunter abgebildete B-52B diente diesem Zweck, bis ins Jahr 2004 flog sie als Trägerflugzeug für weitere Versuchsmaschinen wie hier mit einer X-38 hinter dem inneren Triebwerkspaar. (Grafik: Manfred Meyer)

Abwürfe lasergelenkter Bomben. Bis heute halten Einsätze über dem Nahen und Mittleren Osten an.

Über viele Jahre spielte die B-52 natürlich auch einen wichtigen Part im sogenannten Kalten Krieg. Nonstop-Alarmbereitschaften und das Fliegen von Scheinangriffen gehörte über Jahre zum Alltag des Strategic Air Command. Ab Ende der 1950er-Jahre realisierten B-52-Crews 24-Stunden-Einsätze und waren dabei auch mit scharfen Atombomben beladen. Es gab mehrere festgeschriebene Routen in der nördlichen und westlichen Erdhemisphäre bis hin zum Mittelmeer und bis in die Nähe sowjetischer Hoheitsgebiete. Täglich wurden 12 solcher Missionen geflogen und erst in der zweiten Hälfte der 1960er-Jahre auf vier reduziert. Hierbei passierten auch Unfälle, Atombomben gingen verloren. Im Oktober 1969 simulierte man unter dem Namen »Giant Lance« mit 18 Atombomben tragenden B-52 drei Tage lang Scheinangriffe auf die Sowjetunion, eine wahrhaft grenzwertige Angelegenheit, die letztlich von Regierungsseite gestoppt wurde.

Unbestritten gehört die B-52 zu den Meilensteinen der Luftfahrt, was auch durch mehrere Rekorde untermauert wurde. Schon im Januar 1957 demonstrierten drei B-52A ihre Leistungsfähigkeit, als sie in 45h 19min mit Luftbetankung eine 38.920 km lange Strecke nonstop zurücklegten. Im September 1958 erfolgte die Aufstellung von Geschwindigkeitsrekorden auf Distanzen von 5000 und 10.000 km Länge durch B-52D, 1960 und 1962 wiederum stellten B-52G und B-52H mit Langstreckenflügen neue Bestleistungen auf. Letzterer steht mit einem Nonstopflug ohne Luftbetankung von 20.177 km Länge zu Buche.

Aktuell sind noch mehr als 50 aktive B-52H dem Global Strike Command der US Air Force unterstellt und gehören zum 5. Bombergeschwader auf der Minot AFB, North Dakota sowie zum 2. Bombergeschwader auf der Barksdale AFB in Louisiana. Hier gibt es außerdem mit dem 307. Geschwader einen Reserveverband mit etwa 18 Maschinen.

Convair B-36 Peacemaker

Die B-36, die den Beinamen Peacemaker erst Jahre nach ihrer Einsatzzeit erhielt, gehörte zu den größten jemals gebauten Flugzeugen. Konzeptionell stellte sie in den Vereinigten Staaten letztlich den Schlusspunkt kolbenmotorgetriebener Bomber mit Freifallwaffen und schwerer Abwehrbewaffnung dar. Der Entwurf des Giganten basierte auf einer im April 1941 herausgegebenen Spezifikation, wonach der zu entwickelnde Bomber von Amerika aus im Nonstopflug Ziele in Europa angreifen sollte. Das Unternehmen Consolidated wartete mit mehreren Studien auf und konnte die Arbeiten ausdehnen, nachdem die US Army Air Force sie für brauchbarer als die der Konkurrenten Boeing und Douglas hielt. Das zog im November 1941 eine Bestellung über zwei XB-36 genannte Prototypen nach sich. Nach mehreren Änderungen erhielten diese Flugzeuge den bislang gewaltigsten Tragflügel überhaupt, der Schulterdeckeranordnung besaß und an der Hinterkante mit sechs 14-Zylinder-Sternmotoren sowie 5,80 m durchmessenden Druckpropellern ausgerüstet war. Die Motoren waren aufgrund der Wurzeldicke des Tragwerks von 1,83 m während des Fluges notfalls erreichbar. Während in der vorderen Rumpfsektion in einer Kabine mit zwei Decks der Großteil der Crew untergebracht war, gab es im hinteren Rumpfabschnitt die Kabine der Bordschützen sowie Ruhekojen für die Besatzung. Am Rumpf befanden sich sechs einziehbare Abwehrstände sowie im Heck Zwillingskanonen, im Innern gab es vier Bombenschächte, durch die ein über 24 m langer Tunnel verlief und die vordere mit der hinteren Rumpfsektion verband. In diesem konnten sich die Besatzungsmitglieder auf niedrigen Schienenschlitten fortbewegen. Die Schächte selbst nahmen eine große Last wie z.B. bis zu 132 konventionelle 227-kg-Sprengbomben oder aber sehr sperrige Waffen einschließlich der später verwendeten, 19.000 kg schweren thermonuklearen Mk17 auf.

Im März 1943 fusionierte Consolidated mit Vultee Aircraft zur Consolidated Vultee Aircraft Corporation, besser bekannt als Convair und im Juli erfolgte eine erste Serienbestellung. Allerdings erfolgte der roll-out des ersten XB-36-Prototyps erst im September 1945 und die Flugerprobung wurde am 8. August 1946 aufgenommen. Nach Modifikationen etwa am Antrieb und dem Fahrwerk wurde diese Maschine in YB-36A umbenannt und im Folgejahr der US-Luftwaffe überstellt. Inzwischen flog auch der zweite Prototyp, gelangte später wieder zu Convair und wurde zum Aufklärer RB-36E umgebaut. Die meisten, ohne Defensivbewaffnung ausgelieferten 22

Flugzeugtyp	B-36J Peacemaker
Verwendung	Langstreckenbombenflugzeug
Besatzung	13
Triebwerk	sechs Pratt & Whitney R-4360-53 mit je 2835 kW sowie vier General Electric J47-GE-19 mit je 23,14 kN
Spannweite	70,10 m
Länge	49,40 m
Höhe	14,22 m
Flügelfläche	443, 32 m²
Leermasse	77.580 kg
Startmasse max.	185.973 kg
Höchstgeschwindigkeit	661 km/h
Marschgeschwindigkeit	370 km/h
Dienstgipfelhöhe	12.135 m
Reichweite	10.944 km
Bewaffnung	zwei 20-mm-MK M24A1 mit je 600 Schuss im Heck sowie bis 38.102 kg Bomben im Rumpfschacht

Die größten je an einem Flugzeug montierten Reifen erhielt das Hauptfahrwerk des Prototyps XB-36 mit 2,80 m Durchmesser und 1,17 m Breite. Bei den Serienmaschinen wurden diese durch kleinere, vierrädrige Baugruppen ersetzt. (Foto: USAF Museum Dayton, Ohio)

Der Prototyp XB-36 zeichnet hier einige deutliche Erkennungsmerkmale einschließlich dem gewaltigen Tragwerk und den sechs Kolbenmotoren an der Hinterkante auf. (Foto: USAF Museum Dayton, Ohio)

B-36A-Serienmaschinen wurden zur Carswell Air Force Base gebracht und dienten dem Besatzungstraining.
Im Sommer 1948 flog die erste wirkliche Einsatzversion B-36B mit mehreren Verbesserungen. Die Triebwerke leisteten mehr, zur Avionik zählten ein in der Praxis allerdings unrentables AN/APQ-24-Bombenzielradar sowie ein K-1-Bombenzielsystem. Die nun vorhandene Abwehrbewaffnung wurde von acht der insgesamt 15 Mann starken Crew bedient. Ende 1948 gelangten die ersten B-36B zum 7., danach zum 11. Bombergeschwader der 8. US-Luftflotte, die beide in Carswell, Texas beheimatet waren. Obwohl die letzten B-36B im September 1950 übergeben wurden, ließ die volle Einsatzbereitschaft noch bis 1952 auf sich warten. Das war Nahrung für Kritiker und vor allem die Führungskreise der konkurrierenden US Navy, die den Bomber als veraltet ansahen. Besserung sollte nach der nicht verwirklichten B-36C die Baureihe B-36D bringen. Bereits seit 1949 in der Luft, wurden außer neu gebauten Maschinen B-36B auf diesen Standard umgerüstet. Hier hielt neben einer aufgewerteten Bordelektronik eine radargesteuerte Abwehrbewaffnung Einzug, zum anderen wurden vier zusätzliche Strahltriebwerke in zwei Gondeln montiert und verbesserten die Starteigenschaften sowie Geschwindigkeiten des Bombers. Mehr als 30 B-36D wurden später innerhalb des sogenannten Featherweight-Programms für ein geringeres Fluggewicht abgespeckt, die Abwehrwaffen bis auf den Heckstand entfernt und damit im Einsatz einige Tausend Meter Flughöhe dazu gewonnen. Als Ableitung entstand ferner die Aufklärerversion RB-36D mit bis zu 23 Kameras, 80 Blitzlichtbomben und einer Besatzungsstärke von 22 Mann. Mit Zusatztanks konnten diese Flugzeuge enorm lange Einsätze von bis zu 50 h Dauer absolvieren. Weitere Aufklärer entstanden mit Umbaumaschinen RB-36E sowie der RB-36F, letztere von der neuen Bomberversion B-36F abgeleitet. Hier gab es nochmals stärkere Triebwerke und neue Avionikbaugruppen und zusätz-

lich Täuschkörperwerfer. Erste Exemplare der B-36F gingen ab Sommer 1951 an das Strategic Air Command der USAF. Die bestellte im Folgejahr mit der B-36H einen nochmals im Avionikbereich verbesserten Bomber, der mit 83 hergestellten Einheiten die höchste Stückzahl aller Ausführungen erreichte. Zusätzlich wurden wiederum Aufklärer als RB-36H gebaut und bei zahlreichen Maschinen Gewichtseinsparungen vorgenommen. Fast die Hälfte des Nachfolgemusters B-36J wurde gleich als Featherweight-Variante ausgeliefert. Dank zusätzlichem Tankvolumen mit erhöhter Reichweite versehen, stellte die B-36J die Finalvariante der Peacemaker dar und flog in Prototypenform erstmals im Juli 1953. Im September flog auch die erste Serienmaschine und im Folgemonat begann die Lieferung an die USAF. Die letzte wurde schließlich im August 1954 übergeben, die Produktion hatte nach insgesamt 383 B-36 ihr Ende gefunden.

Ab Mitte der 1950er-Jahre begann die Außerdienststellung des riesigen Bombers, zuvor stand er bei sechs Geschwadern mit je drei Staffeln im Dienst. Convair realisierte bis 1957 mehrere Modernisierungen, als letzter Verband musterte das 95. Bombergeschwader die letzten B-36J im Februar 1959 aus. Insgesamt gesehen war der operationelle Einsatz der Peacemaker relativ kurz und von zahlreichen Problemen gekennzeichnet. Nicht ungewöhnlich für ein solch gewaltiges und komplexes Flugzeug, das Tausende unterschiedliche Bauteile in sich vereinte und z.B. allein in den Radar- und Kommunikationsanlagen 5000 Vakuum-Röhren verbaute. Zudem gesellten sich auch Unfälle, infolge dessen mehr als 30 Peacemaker abgeschrieben werden mussten oder auch Atombomben verloren gingen bzw. versehentlich abgeworfen wurden. Mit ihren 24-Stunden-Alarmbereitschaften, ihrer großen Reichweite und Zuladung erfüllte die B-36 aber letztlich während einer ganzen Dekade des Kalten Krieges die Politik der nuklearen Abschreckung.

Neben den Bomber- und Aufklärerversionen gab es Umbauten zu verschiedenen Versuchszwecken, als NB-36H wurde ein Exemplar zur Entwicklung einer neuen Antriebsform sogar mit einem Atomreaktor ausgestattet und unternahm 47 Versuchsflüge zwischen September 1955 und März 1957.

In Fort Worth, Texas, erfolgte in riesigen Hallen die Serienfertigung der B-36, hier die Endmontage. (Foto: USAF Museum Dayton Ohio)

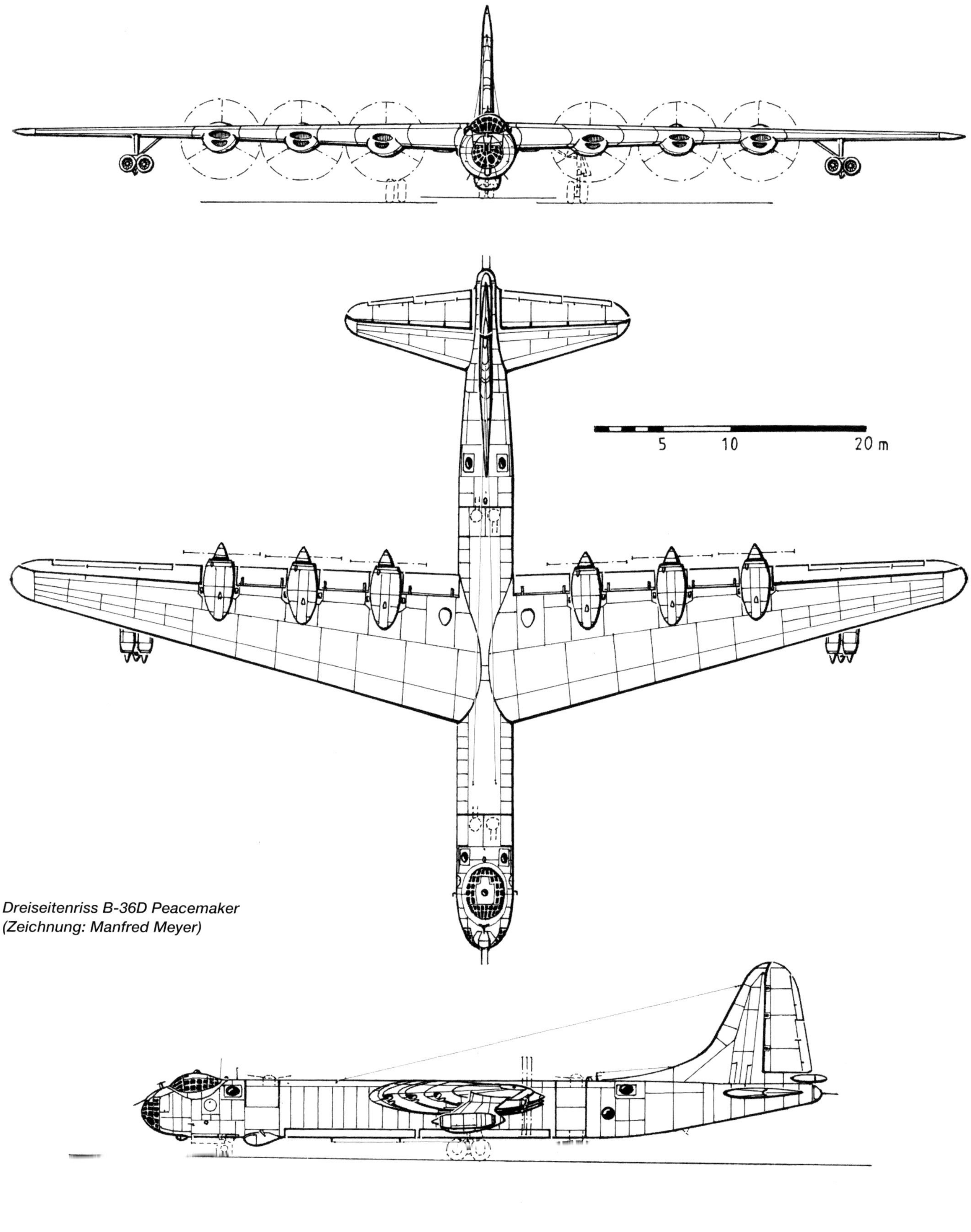

Dreiseitenriss B-36D Peacemaker
(Zeichnung: Manfred Meyer)

Ab der B-36D gab es serienmäßig zusätzlich vier Strahltriebwerke zur Leistungsverstärkung, ein weiterer Leistungszuwachs kam später durch das »Abspecken« zur Featherweight-Ausführung zustande. Doch gab es inzwischen auch leistungsfähige Strahljäger als gefährliche Gegner, die das Gesamtkonzept der B-36 bald als überholt erscheinen ließen. (Foto: USAF)

Die B-29 war schon kein kleiner Bomber, aber die B-36 rechts daneben ist ein wahrer Gigant. (Foto: USAF Museum Dayton, Ohio)

Convair B-58 Hustler

Die US Air Force forderte bereits im Jahr 1949 Vorschläge für einen überschallschnellen Bomber, wobei weiterentwickelte Studien von Convair schließlich 1952 angenommen wurden. Hierbei war das Bombenflugzeug Teil eines ganzen, WS-102 genannten Waffensystems, zu dem auch technische Ausrüstungen, Bodengeräte, Flugzeughangar, Betriebsunterlagen und vieles mehr gehörten. Etwa zeitgleich mit der Entwicklung des Bombers entwickelte General Electric den passenden Antrieb. Vier der neuen J79-Triebwerke wurden in Gondeln unter dem mit beachtlichen 60 Grad Vorderkantenpfeilung ausgestatteten Deltatragwerk befestigt. Ein separates Höhenleitwerk gab es nicht, Elevons an der Tragflügelhinterkante übernahmen diese Funktion. Aufgrund des dünnen Tragflächenprofils gab es hervorstehende Verkleidungen für die Hauptfahrwerksbaugruppen, die über jeweils acht Räder verfügten, während die Bugradstrebe doppelt bereift war. In der Seitenflosse gab es ein Heckradar, darunter eine radargesteuerte, sechsläufige »Vulcan«-Kanone zur Selbstverteidigung. Der Rumpf war nach der Flächenregel entworfen, die aus Pilot, Navigator und Abwehrsystemoffizier bestehende Besatzung war in drei hintereinander liegenden Cockpits untergebracht und verfügte über separate Rettungskapseln. Die wurden in Notsituationen abgesprengt und gingen nachfolgend am Fallschirm nieder. Hauptbaugruppen der Avionik inklusive Funkhöhen-

Flugzeugtyp	**B-58A Hustler**
Verwendung	Langstreckenbombenflugzeug
Besatzung	3
Triebwerk	vier General Electric J79-GE-5B mit je 69,4 kN mit Nachbrenner
Spannweite	17,32 m
Länge	29,49 m
Höhe	9,58 m
Flügelfläche	143,35 m²
Leermasse	25.202 kg
Startmasse max.	73.936 kg
Höchstgeschwindigkeit	2228 km/h
Marschgeschwindigkeit	985 km/h
Dienstgipfelhöhe	19.350 m
Reichweite	3219 km, mit Nachtanken 8248 km
Bewaffnung	eine sechsläufige 20-mm-MK M61A1 »Vulcan« mit 1200 Schuss im Heck sowie bis 8823 kg Bomben im Unterrumpfbehälter

Anfang September 1956 hatte der erste Prototyp XB-58, hier im Bild, seinen roll-out in Fort Worth, Texas, und leitete im November die Flugerprobung des Überschallbombers ein. (Foto: USAF)

Diese B-58 ist neben dem Unterrumpfbehälter mit vier B43-Atombomben an externen Pylonen bestückt, die ab dem 87. Exemplar unter den Flügelwurzeln montiert wurden. (Foto: Lockheed Martin)

B-58 Convair

Als Deltaflügler mit vier Strahltriebwerken besaß die B-58 während des Aufsetzens einen hohen Anstellwinkel sowie eine hohe Landegeschwindigkeit von etwa 350 km/h. (Foto: USAF)

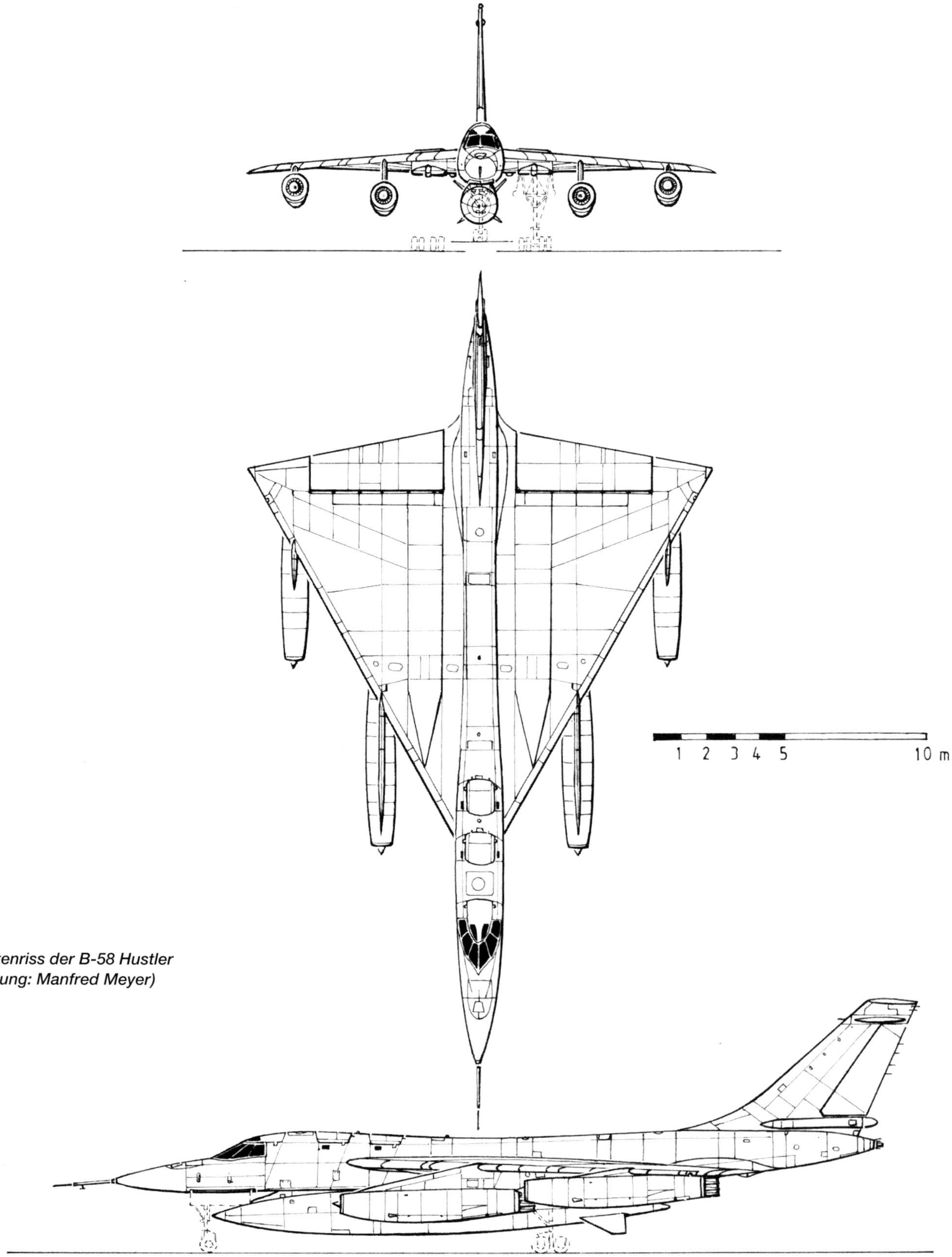

Dreiseitenriss der B-58 Hustler (Zeichnung: Manfred Meyer)

Unter dem Rumpf trägt diese B-58A einen mächtigen Behälter, der aus einer Kombination von Atombombe und Kraftstofftank besteht. Im Vordergrund wird die Komplettierung des kleineren mit der Waffe in den größeren demonstriert. (Foto: USAF)

messer, Dopplergerät, Navigations- und Bombenzielsystem waren im AN/ASQ-42-Komplex zusammengefasst. Eingebaut wurden ferner Geräte zur elektronischen Abwehr inklusive Freund-Feind-Erkennung, Radarwarnempfängerr, Störsender und Täuschkörperwerfer. Da die Geräte im Flugzeuginnern alle sehr eng angeordnet waren, entwickelte Convair einen speziellen, unter dem Rumpf montierten Nutzlastbehälter. Serienmäßig wurde dies der MB-1. So nahm der 18,90 m lange MB-1C bspw. 15.732 Liter Kraftstoff und in einem Waffenschacht eine nukleare Freifallbombe auf. Möglich war auch die Aufnahme von vier Atombomben B61. Technologisch, aerodynamisch, strukturell und werkstoffmäßig war ein insgesamt sehr modernes, aber zugleich teures Flugzeug entstanden, das letztlich bei Politikern sowie Militärs umstritten war.

Als XB-58 vollzog der erste Prototyp am 11. November 1956 seinen Erstflug und beim siebten Flug wurde im Dezember Überschallgeschwindigkeit erreicht, ein halbes Jahr später Mach 2. Den beiden Prototypen folgten gemäß zweier Bestellungen insgesamt 28 Vorserienflugzeuge YB-58A, die weiteren, umfangreichen Testreihen dienten und ein Teil davon später zu Trainern TB-58A umgebaut wurde. Die eigentliche Bomberversion B-58A trat im März 1960 ihren Dienst an, erster Einsatzverband wurde das 43. Bombergeschwader auf der Carswell AFB, Texas. Noch Ende desselben Jahres erhielt das 305. Bombergeschwader auf der Bunker Hill AFB, Indiana als zweiter Verband seine ersten Hustler. Dem Strategic Air Command unterstellt, verfügten die beiden Geschwader über je drei Staffeln mit jeweils einem Dutzend Bomber. Es erfolgten auch Einsätze von Überseebasen in Großbritannien, Guam und Japan aus. Für eine strategische Reichweite musste die B-58 in der Luft aufgetankt werden und konnte dann mit über 80.000 kg Flugmasse das eigentliche Startgewicht übertreffen. Bomberattacken waren aus großer Höhe von über 10.000 m vorgesehen, erfolgten zunächst mit Unterschallgeschwindigkeit mit einer Beschleunigung auf Mach 2 kurz vor dem Ziel und einer Rückkehr wiederum im langsamen Marschflug. Mit dem Auftauchen weiter reichender Luftabwehrraketen wurden auch überschallschnelle Bombermissionen in geringer Flughöhe trainiert. Die Hustler erwies sich bei Übungen mit simulierten Hoch- und Tiefflugangriffen als recht zielgenau, das Fliegen und auch die Landung, letztere durch eine hohe Landegeschwindigkeit sowie eine lange Landestrecke, waren für die Piloten sehr anspruchsvoll. Neben den Fortschritten in der Raketentechnik führten hohe Unterhalts- und Betriebskosten einschließlich eines hohen Treibstoffverbrauchs nach relativ kurzer Einsatzzeit zur Ausmusterung des Bombers bis Anfang 1970. Hinzu kam eine Verlustrate von beinah 20% der insgesamt 116 gebauten B-58, zweimal, 1961 und 1965, stürzte eine Maschine während der Luftfahrtschau in Le Bourget, Frankreich ab. Andererseits stellte die B-58 insgesamt 19 Geschwindigkeits- und Höhenweltrekorde auf. So flog die Hustler z.B. von New York nach Paris in 3h 19min oder auf einer 1000-km-Kreisbahn mit 2000 kg Nutzlast eine Durchschnittsgeschwindigkeit von 2067,5 km/h oder trug 5000 kg Nutzlast auf eine Höhe von 26.018 m.

Douglas A-3 Skywarrior

Um die Rolle der nuklearen Abschreckung weltweit zu erfüllen, stützten sich die Vereinigten Staaten nach 1945 auf die strategische Bomberflotte der US Air Force sowie die Flugzeugträger der US Navy und ihre Bomber. Die Marine hielt gegen den Widerstand der US-Luftwaffe Atomwaffen tragende Langstreckenbomber für nützlich und wollte damit auch Gebiete abdecken, welche für die Bomber der Air Force nicht bzw. nicht schnell genug erreichbar waren. Mit den weltweit kreuzenden Flugzeugträgern standen die entsprechenden Einsatzplattformen zur Verfügung. Innerhalb des Konkurrenzdenkens der beiden Streitkräfte ging es natürlich auch um die Verteilung von Finanzen. Die Anfrage nach einem trägergestützten Langstreckenbomber wurde bereits 1947 herausgegeben und später um Strahltriebwerke als Antriebsform sowie einem Höchststartgewicht von 45.300 kg ergänzt. Gerade das vorgegebene Startgewicht betrachtete man mit großer Skepsis. Doch das Douglas-Konstruktionsteam wollte dies sogar noch unterbieten, damit der künftige Bomber auch von den kleineren Trägerschiffen etwa der 50.000 t verdrängenden *Midway*-Klasse eingesetzt werden konnte. Letztlich wurde ganze Arbeit geleistet, das vorgegebene Startgewicht allen Zweiflern zum Trotz unterboten und das Unternehmen Douglas im März 1949 zum Gewinner der Ausschreibung bestimmt. Neben einer statischen Bruchzelle für Bodenversuche wurden zwei Prototy-

Flugzeugtyp	**A-3B Skywarrior**
Verwendung	bordgestütztes Langstrecken-bombenflugzeug
Besatzung	3
Triebwerk	zwei Pratt & Whitney J57-P-10 mit je 55,1 kN
Spannweite	22,10 m
Länge	23,27 m
Höhe	6,95 m
Flügelfläche	75,43 m²
Leermasse	17.876 kg
Startmasse max.	37.195 kg
Höchstgeschwindigkeit	995 km/h
Marschgeschwindigkeit	837 km/h
Dienstgipfelhöhe	12.500 m
Reichweite	3381 km
Bewaffnung	zwei 20-mm-MK M3 mit je 500 Schuss im Heck sowie bis 5443 kg Bomben und Minen im Rumpfschacht

*Während des Vietnamkrieges befindet sich diese A-3B der schweren bordgestützten Bomberstaffel VAH-4 des Flugzeugträgers **USS Ticonderoga** über dem Mekong-Delta. (Foto: via Kenneth Castle)*

Die an einem Verladekran schwebende A-3 des Verbandes VAH-1 zeigt, wie Tragflächenenden und Seitenleitwerk zur Platz sparenden Bordunterbringung gefaltet werden können. (Foto: National Museum of Naval Aviation Pensacola)

pen XA3D-1 in Auftrag gegeben und die Flugerprobung am 28. Oktober 1952 aufgenommen. Die anfangs verwendeten J40-Triebwerke erwiesen sich als zu schwach und wurden ab September 1953 durch J57-Aggregate ersetzt, die mit Wassereinspritzung je 51,6 kN Schub lieferten. Zwei der Triebwerke befanden sich in Gondeln am Schulterdeckertragwerk, das eine Pfeilung von 36 Grad aufwies. Die äußeren Tragflächensektionen waren ebenso klappbar wie der obere Abschnitt des Seitenleitwerks und somit einer Platz sparenden Unterbringung an Bord von Trägerschiffen dienlich. Am Seitenleitwerk waren die Höhenflossen in positiver V-Stellung angebracht, das dreiteilige, jeweils einfach bereifte Fahrwerk in Bugradanordnung hatte eine geringe Spurbreite und zog in den Rumpf ein. In der Rumpfspitze befand sich das AN/ASB-1A-Navigations- und Bombenwurfradar, ein Betankungsrohr zur Verlängerung der Flugdauer war seitlich montiert. Am hinteren Abschnitt befestigt, konnten 12 Raketentreibsätze den Start des Flugzeugs unterstützen und es innerhalb von vier Sekunden in

die Luft bringen. Die dreiköpfige Crew musste im Notfall per Fallschirm das Flugzeug verlassen, da es keine Schleudersitze gab. Die Abwurfwaffen fanden intern ihre Unterbringung, im Heck gab es zudem zwei ferngesteuerte 20-mm-Kanonen. Unter dem Heck befand sich ein Fanghaken, an Land konnte eine Bremsschirm die Landestrecke verkürzen.
Ab März 1956 hatte die Auslieferung der ersten Serienflugzeuge als A3D-1 und im April die Trägerqualifikation an Bord der *USS Forrestal* begonnen. Die ab 1962 A-3A, offiziell Skywarrior und intern »Whale« (dt. »Wal«) genannten Bomber gingen zuerst an die auf der Naval Air Station Jacksonville, Florida beheimatete Staffel VAH-1, 1957 erfolgte die erste Einsatzfahrt, die an Bord der *Forrestal* ins Mittelmeer führte. In rekordverdächtiger Zeit wurden zudem mehrere Demonstrationsflüge und zum Teil quer über die Vereinigten Staaten unternommen, um die Leistungsfähigkeit des Flugzeugs zu unterstreichen. Die erste Baureihe als A3D-1 brachte innerhalb der Marine vor allem das Konzept des trägergestützten, strahlgetriebenen Langstreckenbombers zur Einsatzreife. Die nachfolgende A3D-2 (A-3B) wurde ab 1957 zur definitiven Produktionsvariante und als erstes an die Staffel VAH-2 geliefert. Sie erhielt stärkere Triebwerke und eine verstärkte Zelle und startete im August 1959 mit 38.102 kg als schwerstes bordgestütztes Flugzeug überhaupt vom Trägerschiff *USS Independence*. Die letzten A3D-2 erhielten noch ein moderneres Bombenzielsystem AN/ASB-7, die Abwehrkanonen im Heck wurden durch Täuschkörperwerfer ersetzt und beendeten die Serienherstellung aller Skywarrior nach insgesamt 283 Exemplaren.

Zwei A3D-2, ab 1962 A-3B genannt, stehen auf dem Flugzeugträger USS Independence für einen Einsatz bereit. Die Tragflächen der vorderen Maschine sind über den Rumpf geklappt. (Foto: National Museum of Naval Aviation Pensacola)

Mit Vollschub startet eine A-3 der Einheit VAH-4 vom Träger USS Lexington durch. Die Skywarrior war das schwerste Flugzeug im regulären Einsatz, das von Flugzeugträgern operierte. (Foto: National Museum of Naval Aviation Pensacola)

Auf den Trägerschiffen der *Midway*-Klasse wurden im Einsatz bis zu neun A-3 stationiert, größere Flugzeugträger nahmen bis zu 12 dieser Bomber auf. Üblicherweise standen zwei davon mit Atomwaffen bestückt auf dem Flugdeck bereit und konnten innerhalb kurzer Zeit zum Einsatz gelangen. Insgesamt 12 Angriffsstaffeln der US Navy plus zwei Trainingseinheiten flogen die Skywarrior. VAH-2, 4 und 8 setzten 1965/66 ihre Bomber begrenzt zu Angriffseinsätzen über Indochina ein, A-3B von VAH-2 warfen am 29. März 1965 erstmals Sprengbomben auf nordvietnamesische Ziele. In der Folgezeit verwendete man die Skywarrior zunehmend für andere Zwecke etwa zur Luftbetankung oder auch zur elektronischen Kampfführung. Durch die Verlagerung des nuklearen Angriffspotenzials auf U-Boot-gestützte Raketen wurden die A-3 ab den 1960er-Jahren mit anderen Aufgaben betraut und zahlreiche Exemplare entsprechend umgerüstet, aber auch neu gebaut. Es entstanden Tanker KA-3B sowie in der Doppelrolle elektronisches Störflugzeug/Tanker als EKA-3B, als Fotoaufklärer RA-3B, Schulflugzeug TA-3B, in der »Aggressorrolle« als Störflugzeug ERA-3B und als elektronischer Aufklärer EA-3B. Letztere wurde sogar noch während des Golfkrieges 1991 eingesetzt, danach wurde die Skywarrior endgültig aus dem Dienst genommen.

Douglas B-66 Destroyer

Die US Air Force hielt eine landgestützte Version der Skywarrior für den Koreakrieg als gut geeignet, wollte mit geringen Änderungen das Flugzeug schnellstmöglich als taktischen Bomber in Dienst stellen und damit gleichfalls die B-45 ablösen. Doch verzettelte man sich in mehr Modifikationen als nötig und der Koreakrieg war längst vorbei, als der Prototyp am 28. Juni 1954 zum ersten Mal flog.
Gegenüber der A-3 wurden die Tragflügel des Air Force-Bombers neu konstruiert, erhielten überarbeitete Vorflügel, Spaltklappen und Querruder, eine andere Struktur und ein anderes Profil sowie einen Knick an der Hinterkante. Für den Einsatz von Landbasen aus brauchten diese auch nicht mehr faltbar ausgelegt zu werden. Ebenso entfielen Katapultgeschirr und Fanghaken. Die Kabine bekam eine neue Verglasung und für die Besatzung wurden nun Schleudersitze eingebaut. Im Bug fand ein AN/APS-27-Radar und am Rumpf eine für die Air Force zugeschnittene Luftbetankungsanlage Platz, ferner leisteten jetzt Allison-Turbinen den Antrieb. Die beweglichen und ferngesteuerten 20-mm-Kanonen im Heck wurden zur Selbstverteidigung beibehalten, aber unter der Air Force-Bezeichnung M24 geführt. Sie stellte wie auch die M3 der Skywarrior den Nachbau der Hispano Suiza HS.404 dar. All die Änderun-

Flugzeugtyp	**B-66B Destroyer**
Verwendung	taktisches Bombenflugzeug
Besatzung	3
Triebwerk	zwei Allison J71-A-13 mit je 45,29 kN
Spannweite	22,10 m
Länge	22,91 m
Höhe	7,19 m
Flügelfläche	72,46 m²
Leermasse	19.409 kg
Startmasse max.	37.649 kg
Höchstgeschwindigkeit	1027 km/h
Marschgeschwindigkeit	845 km/h
Dienstgipfelhöhe	11.855 m
Reichweite	2800 km
Bewaffnung	zwei 20-mm-MK M24 mit je 400 Schuss im Heck sowie bis 6804 kg Bomben im Rumpfschacht

Äußerlich war die B-66 der A-3 recht ähnlich inklusive der aus zwei 20-mm-Kanonen bestehenden Abwehrbewaffnung im Heck. (Foto: USAF)

Ab Frühjahr 1956 gelangten die ersten Bomber vom Typ B-66 an die US Air Force, Spezialversionen des Flugzeugs sollten später eine größere Bedeutung erlangen. (Foto: USAF)

gen einschließlich weiterer Systemmodifikationen, führten zu verschiedenen Problemen während der Erprobung und einem unzureichenden Handling des Flugzeugs. So wurde die ursprüngliche Bestellung gekürzt und, nachdem die ersten fünf Maschinen als Aufklärer unter der Bezeichnung RB-66A ausgeliefert wurden, flog der eigentliche Bomber B-66B am 5. Januar 1955 erstmals. Im März des nächsten Jahres gelangten die ersten Bomber zum 17. Leichten Bombergeschwader auf der Basis Hurlbert Field in Florida und im Oktober 1957 wurde die letzte von 72 bestellten B-66B übergeben. Die Einsatzstaffeln überstellte die Air Force Anfang 1959 dem im britischen Sculthorpe stationierten 47. Taktischen Bombergeschwader zur Ablösung der B-45. Mitte des Jahres wurde dort die Einsatzbereitschaft erreicht, bis zur Deaktivierung des Geschwaders im Juni 1962 dienten die drei B-66-Staffeln als taktische Atomwaffenbomber in vorderster Linie. Dank des K-5-Bombenzielsystems waren Angriffseinsätze bei jedem Wetter und auch in niedriger Flughöhe möglich, der Selbstschutz wurde durch Radarwarnempfänger und Täuschkörperwerfer erhöht. Größere Bedeutung als der Bomber erreichten schließlich Versionen als Aufklärer und zur elektronischen Kampfführung unter den Typenbezeichnungen RB-66B sowie EB-66C und EB-66E. Wetteraufklärer WB-66D beendeten die Serienfertigung der Destroyer im Jahre 1958 und nach insgesamt 294 Exemplaren aller Baureihen. Manche der Aufklärungsflugzeuge wurden bis in die 1970er-Jahre eingesetzt.

General Dynamics FB-111 Aardvark

Der leistungsstarke Jagdbomber F-111 lässt sich ohne Bedenken auch als taktisches Bombenflugzeug führen, konnte aber gegen feindliche Flugzeuge sowohl die »Vulcan«-Kanone als Rohrwaffe oder gelenkte »Sidewinder«-Luftkampfraketen nutzen. Zur Ablösung und Ergänzung im Dienst befindlicher Langstreckenbomber wie B-52 und B-58 sowie als Übergangslösung bis zum Eintreffen des neuen, ultimativen Bombers für strategische Reichweiten, gemeint war damit die spätere B-1A, schlug das US-Verteidigungsministerium bereits 1965 eine schwerere und weiter reichende Version der F-111 vor. Dazu stellte man eine Stückzahl von 263 zu produzierenden Bombern in Aussicht. Anfangs stieß der Vorschlag beim Strategic Air Command auf Widerwillen, doch die anstehende Ausmusterung älterer B-52-Modelle, die hohen Kosten der B-58 und die Verzögerungen beim neuen Bomberprojekt ließen offenbar nur eine Ableitung der F-111 als Alternative zu. Gleichzeitig bestätigten sich frühere Überlegungen von General Dynamics, mit wenig Aufwand eine reine Bomberversion des Schwenkflüglers zu bauen.

Im Februar 1966 wurde ein früherer F-111-Kontrakt abgeändert und beinhaltete nun auch Mittel für die neue Bomberversion FB-111A. Die basierte grundsätzlich auf der ersten Serienversion F-111A, aber auch Elementen der letztlich abgelehnten Marinejägerversion F-111B. Von letzterer wurden die

Flugzeugtyp	**FB-111A Aardvark**
Verwendung	Langstreckenbombenflugzeug
Besatzung	2
Triebwerk	zwei Pratt & Whitney TF30-P-7 mit je 90,5 kN mit Nachbrenner
Spannweite	10,35 bis 21,33 m
Länge	22,40 m
Höhe	5,22 m
Flügelfläche	64,00 bis 51,10 m²
Leermasse	21.764 kg
Startmasse max.	54.093 kg
Höchstgeschwindigkeit	2335 km/h
Marschgeschwindigkeit	910 km/h
Dienstgipfelhöhe	15.500 m
Reichweite	6600 km mit Zusatztanks
Bewaffnung	bis 17.010 kg Bomben und Marschflugkörper im Rumpfschacht sowie an acht Aufhängepunkten

Der Langstreckenbomber FB-111A wurde zur schwersten Ausführung des Schwenkflüglers und nahm Anfang der 1970er-Jahre den operationellen Einsatz auf. (Foto: USAF)

größeren, ebenfalls von 16 bis 72,5 Grad verstellbaren Tragflächen übernommen. Größer fiel auch der Triebwerksschub, die interne sowie in Zusatztanks mitführbare Kraftstoffmenge und letztlich das Startgewicht aus. So kamen verschiedene strukturelle Änderungen und Verstärkungen inklusive am Fahrwerk zur Anwendung, ergänzt um eine modifizierte Bordausrüstung. Die beinhaltete das Mehrzweckradar AN/APQ-144 sowie das AN/APQ-146 für den Geländefolgeflug, Satellitennavigation, Radar- und Infrarotwarnempfänger sowie Täuschkörperwerfer. Eine Bordkanone fand keine Verwendung mehr, dafür ein automatisches Abwurfsystem für Waffen. Neben einer großen Anzahl konventioneller Spreng- und Clusterbomben, sollten vorrangig Atomwaffen wie die B43 oder B61 und später AGM-69-Marschflugkörper zum Inventar der FB-111A zählen. Bis zu sechs der AGM-69 SRAM waren möglich, zwei im Rumpfschacht und vier an externen Tragflächenstationen. Hier wurden für eine große Reichweite üblicherweise auch bis zu vier Zusatztanks mit je 2271 Liter Fassungsvermögen befestigt.

Eine auf FB-111A-Standard umgerüstete Maschine absolvierte den Erstflug am 30. Juli 1967, im nachfolgenden Jahr flog das erste Serienexemplar. Im Oktober 1969 übergab das Stra-

Eine FB-111 des 509. Bombergeschwaders wirft während eines Übungsflugs Mk82-Sprengbomben ab, die mittels Fallschirmen abgebremst werden. (Foto: USAF)

Für mehr als eine Dekade gehörte der atomare Marschflugkörper AGM-69A SRAM zur Hauptbewaffnung der FB-111, bis Ende der 1980er-Jahre die Ausmusterung von Lenkwaffe und Bomber beinah zeitgleich erfolgte. (Foto: US DoD / Ken Hammond)

Eine weitere Bewaffnungsvariante der FB-111 stellte die Atombombe B83 mit gut 1 MT Sprengkraft dar. (Foto: US DoD)

tegic Air Command der USAF die FB-111 zunächst der 4007. Trainingsstaffel in Carswell, Texas, während der operationelle Dienst auf der Pease Air Force Base in New Hampshire 1971 begann. Dort waren zwei Staffeln des 509. Bombergeschwaders beheimatet, 1972 vermeldeten zwei weitere Staffeln des 380. Geschwaders auf der Plattsburg AFB, New York die Einsatzbereitschaft mit der FB-111. Als Bewaffnungsvariante der Flugzeuge wurde seit 1970 der AGM-69-Marschflugkörper getestet, der schließlich vier Jahre später die Einsatzreife erlangte. Im automatischen Modus konnte die FB-111 innerhalb von Sekunden vier AGM-69 gleichzeitig starten und auf verschiedene Ziele ausrichten. Als Atombomber stand die FB-111 bis 1988 im Dienst, dann begann beinah zeitgleich mit der AGM-69 die Ausmusterung. Mehr als 30 Flugzeuge wurden zu F-111G umgerüstet und z.T. nach Australien verkauft, aus US-amerikanischen Diensten verabschiedete sich die FB-111A endgültig im Juli 1991. Schon 1969 war der Bestellumfang auf 76 FB-111gekürzt worden, bis 1971 erfolgte die Auslieferung dieser Maschinen.

Lockheed F-117 Nighthawk

Unbestritten gehört die F-117 durch ihre skurrile Formgebung und als erstes einsatzfähiges Stealth-Flugzeug zu den ungewöhnlichsten Typen des 20. Jahrhunderts. Eine Flugtauglichkeit erlangte die eigentlich instabile F-117 nur durch den Einsatz von Flugreglern in Form einer vierfach vorhandenen Fly-by-wire Steuerung, die Konstruktion war überhaupt erst durch die Arbeit an seinerzeit modernsten Computern möglich. Das Ergebnis in Form einer raffiniert ausgearbeiteten eckigen und facettenreichen Konzeption diente dazu, auftreffende Radarenergie in alle Richtungen zu streuen und den möglichst geringen Teil dieser Energie zu reflektieren. Deshalb wurde die Bewaffnung intern untergebracht, die Kanzelabschlüsse sowie alle Fahrwerks- und Bombenschachtklappen besaßen Sägezahnkanten. Des Weiteren waren vor den Lufteinlässen feinmaschige Gitter vorhanden, um auftreffenden Radarstrahlen eine feste Oberfläche vorzutäuschen und diese zu eliminieren. Die nachbrennerlosen Triebwerke verfügten über flache, rechteckige Schubdüsen, die den Abgasstrahl kühlten, seitlich streuten und nach oben umlenkten und somit die Hitzeabstrahlung verminderten sowie infrarotgelenkten Raketen letztlich ein nur schwer auszumachendes Ziel boten. Das gesamte

Flugzeugtyp	**F-117A Nighthawk**
Verwendung	Bombenflugzeug
Besatzung	1
Triebwerk	zwei General Electric F404-GE-F1D2 mit je 48,1 kN
Spannweite	13,20 m
Länge	20,08 m
Höhe	3,78 m
Flügelfläche	105,90 m²
Leermasse	13.608 kg
Startmasse max.	23.814 kg
Höchstgeschwindigkeit	1100 km/h
Marschgeschwindigkeit	950 km/h
Dienstgipfelhöhe	16.000 m
Reichweite	1720 km
Bewaffnung	bis 2268 kg Bomben im Rumpfschacht

Das Aussehen der F-117 ist unserer Vorstellung eines UFO's nicht unähnlich und man glaubt kaum, dass es sich um recht agile Flugzeuge handelt. (Foto: Lockheed Martin)

Die abgeflachten Schubdüsen der F-117A verfügen an manchen Bereichen über reflektierende Keramikfliesen, um einer hohen und zugleich verräterischen Erwärmung vorzubeugen, zwölf senkrecht angebrachte Leitschaufeln lenken den Luftstrom ins Freie. (Foto: US DoD)

Flugzeug hatte keine rechtwinkligen Flächen, und um das Radarecho weiter zu verringern, erhielt es einen radarabsorbierenden Anstrich. Auch die Verglasung des mit Schleudersitz und Bildschirmen ausgestatteten Cockpits erhielt eine feine Metallschicht. Die erfolgreiche Umsetzung dieses Konzeptes machte die F-117 zum ersten »Tarnkappen«-Flugzeug, dessen Radarrückstrahlfläche etwa lediglich den hundertsten Teil eines Quadratmeters betrug. Weitere konstruktive Merkmale waren die um 67 Grad gepfeilten Tragflügel, aerodynamisch verschmolzen mit dem Rumpf. Der Rumpf nahm im Bug hochpräzise Infrarotscanner zur Zielerfassung und –verfolgung sowie zur Laserzielmarkierung auf. Hinter dem Cockpit befand sich eine Nachtankvorrichtung, im Heck war ein Bremsschirm zwischen dem V-förmigen Leitwerk untergebracht. Das Dreibeinfahrwerk war jeweils einfach bereift und besaß Bugradanordnung. Für Präzisionsangriffe bestand die intern mitgeführ-

Auch in der Frontalansicht ist das eckige Design der F-117 gut zu sehen, ebenso die feinmaschigen Gitter vor den Lufteinlässen. (Foto: Lockheed Martin)

Offiziell wurde die F-117 bis April 2008 außer Dienst gestellt, doch bis heute fliegen mehrere Exemplare und könnten wohl auch zu reellen Kampfeinsätzen verwendet werden. (Foto: USAF)

Hauptbewaffnung der F-117 stellten lasergelenkte Bomben wie diese soeben ausgeklinkte GBU-27 dar, die in zwei Rumpfschächten mitgeführt werden konnten. (Foto: USAF)

te Bewaffnung vorwiegend aus lasergelenkten Bomben sowie GPS-gesteuerten JDAM-Waffen der GBU-Serie. Eine fest installierte Abwehrbewaffnung war nicht vorhanden, ebenso wurde nie die Verwendung von Luftkampfraketen beobachtet oder bestätigt. Deshalb ist die F-117 trotz ihrer (F)ighterbezeichnung als reiner Bomber anzusehen.

Lockheed hatte sich bereits frühzeitig damit beschäftigt, die Radarrückstrahlfläche von Flugzeugen zu verringern. Einen wichtigen Anschub lieferte 1975 das »Echo I«-Computerprogramm mit exakten Aussagen über das Reflexionsverhalten von Radarwellen an dreidimensionalen Körpern. So konnte Lockheed zwei als »Have Blue« bezeichnete Versuchsflugzeuge bauen, die als Vorstufe der F-117 galten und ab Ende 1977 im Flug getestet wurden. Die Erkenntnisse führten zum Auftrag, aus diesen Technologieträgern ein einsatzfähiges Kampfflugzeug mit Stealth-Eigenschaften zu entwickeln. Unter strengster Geheimhaltung wurden fünf Prototypen als YF-117A hergestellt und die Flugerprobung am 18. Juni 1981 aufgenommen. Entwicklung, Bau und Erprobung gingen zügig und überraschenderweise recht problemlos vonstatten, sodass die ersten Serienmaschinen der F-117 bereits ab September 1982 an die 4450. Taktische Gruppe auf der Tonopah Air Force Base, Nevada gingen und im Oktober 1983 eine eingeschränkte Einsatzbereitschaft des Bombers vermeldet wurde. Das blieb über Jahre geheim, sogar die Existenz des Flugzeugs wurde bis 1988 bestritten. Im Oktober des nachfolgenden Jahres wurden beim 37. Taktischen Kampfgeschwader zwei Staffeln mit der F-117 aufgestellt, die praktisch aus der Deaktivierung der beiden Verbände der 4450. Taktischen Gruppe hervorgingen. Noch im selben Jahr gab es den ersten Kampfeinsatz zweier Maschinen, der sich im Dezember gegen Einrichtungen in Panama richtete. Größere Bedeutung erlangte die F-117 im Golfkrieg gegen Irak 1991. Sie warfen die ersten Bomben in der Nacht des 16./17. Januar und waren von Saudi-Arabien aus gestartet. Dort waren etwa 40 der Kampfjets stationiert und sie flogen ihre Attacken, ohne vom Radar erkannt zu werden. Während der insgesamt 1271 und bei Nacht geflogenen Einsätze innerhalb von »Desert Storm« schalteten die F-117

gut verteidigte Ziele wie Kommando- und Kommunikationseinrichtungen, Kraftwerksanlagen, Brücken und abgestellte Flugzeuge aus, zerstörten viele der primären Ziele in der irakischen Hauptstadt Bagdad mit Direkttreffern und warfen rund 2000 t Bomben ab. Obwohl die Tarnkappenjets nur zwei Prozent aller Einsätze im Golfkrieg absolvierten, zeigten sie, ohne einen einzigen Verlust, eine hohe Effektivität auf. Während der 1992 durchgeführten Umstrukturierungen innerhalb der US Air Force wurden die F-117 dann dem 49. Kampfgeschwader auf der Holloman AFB in New Mexico überstellt. Von da aus gelangen den F-117 die bisher längsten Einsatzflüge von einsitzigen Kampfflugzeugen, als sie mit Luftbetankung in 18,5 h die Strecke bis nach Kuwait zurücklegten.
Mit der Zuspitzung des Kosovo-Konfliktes im ehemaligen Jugoslawien wurden auf der Aviano-Luftwaffenbasis in Italien zwölf F-117 stationiert. Im März 1999 waren die Flugzeuge Teil der ersten Attacken auf infrastrukturelle Ziele und setzten wiederum lasergelenkte Bomben ein. Für großes Aufsehen sorgte der Abschuss einer F-117 und damit erstmals eines Stealth-Flugzeugs am dritten Kriegstag bzw. in der Nacht vom 26./27. März 1999. Die Umstände wurden von zahlreichen Mutmaßungen begleitet, doch soll der Treffer einer bodengestützten Luftabwehrrakete ausschlaggebend gewesen sein. Damit zeigte sich, dass auch Tarnkappenflugzeuge verwundbar waren und abgeschossen werden können. Bestätigt wurde auch, dass damals schlechtes Wetter der F-117-Flotte Schwierigkeiten bereitete. Nachfolgend wurden das Training intensiviert und Einsatztaktiken modifiziert. Erneute Kampfeinsätze gab es über Afghanistan ab 2001 sowie Irak ab 2003. Im Laufe ihrer Dienstjahre erhielt die F-117 begrenzt Upgrades, der radarabsorbierende (RAM-)Anstrich musste regelmäßig erneuert werden. Die aktive Dienstzeit wurde letztlich verkürzt und die Außerdienststellung offiziell bis April 2008 vollzogen. Die meisten Maschinen verblieben allerdings in guter Kondition in Holloman, immer wieder wurden bis in die jüngste Vergangenheit fliegende Exemplare gesichtet. Nach den fünf YF-117 wurden insgesamt 59 Serienflugzeuge bis Mitte 1990 der USAF übergeben, eine Fortführung der Produktion wie auch die Entwicklung neuer Varianten erfolgte nicht. 1994 bekam das erste einsatzfähige Stealth-Flugzeug offiziell den Beinamen Nighthawk verliehen, 2006 waren 250.000 Flugstunden erreicht.

Dreiseitenansicht der F-117A Nighthawk, 416th Tactical Fighter Squadron des 37. Taktischen Kampfgeschwaders in Tonopah, Nevada. (Grafik: Manfred Meyer)

TR
416 TFS
USAF
830
5
10 m
M.MEYER

Martin B-57 Canberra

Mit dem Ausbruch des Koreakrieges wurde der US Air Force schnell bewusst, dass ein agiler taktischer Bomber mit Strahlantrieb fehlte. Die bereits im Dienst stehende North American B-45 stellte mit ihren zu schwachen Triebwerken mehr eine Übergangslösung dar, sodass eine Ausschreibung nach dem benötigten, zunächst als »Nachtbomber« definierten Muster herausgegeben wurde. Unter zwei ausländischen Mitbewerbern befand sich auch English Electric mit seiner Canberra, welche im Februar 1951 innerhalb von Vergleichstests auf der Andrews AFB, Maryland tatsächlich am besten abschnitt. Gewisse Abneigungen in der amerikanischen Luftwaffe und der Zweifel an ausreichenden Produktionskapazitäten bei English Electric führten nur kurze Zeit später zu einer Lizenzvereinbarung mit der Martin Aircraft Company als amerikanischen Auftragnehmer. Für die US Air Force wurde die Canberra damit das erste nicht in den USA entwickelte Einsatzflugzeug seit 1919, Bestrebungen nach höheren Leistungen führten nachfolgend zu einigen Änderungen.
Zunächst dienten zwei britische Canberra B.2 als Musterflugzeuge, doch entstanden einige Zeitverzögerungen durch die Umwandlung von Zeichnungen und Baugruppen von britischen auf amerikanische Standards, durch Unklarheiten über den Umfang von Modifikationen sowie Probleme mit Zulieferanten. Als amerikanische Ausführung der Canberra B.2 flog

Flugzeugtyp	**B-57B Canberra**
Verwendung	taktisches Bombenflugzeug
Besatzung	2
Triebwerk	zwei Wright J65-W-5 mit je 32,1 kN
Spannweite	19,51 m
Länge	19,96 m
Höhe	4,75 m
Flügelfläche	89,20 m^2
Leermasse	12.290 kg
Startmasse max.	26.672 kg
Höchstgeschwindigkeit	936 km/h
Marschgeschwindigkeit	765 km/h
Dienstgipfelhöhe	14.639 m
Reichweite	3360 km mit Zusatztanks
Bewaffnung	vier 20-mm-MK M39 mit je 290 Schuss sowie bis 2720 kg Bomben, ungelenkte Raketen im Rumpfschacht sowie acht Aufhängepunkten

Äußerlich unterschied sich die erste Serienversion B-57A kaum vom britischen Original und besaß ebenso die blasenförmige Pilotenkanzel, hier ist das das fünfte Exemplar zu sehen. (Foto: USAF)

Augenfällige Neuerung der B-57B war das Tandemcockpit, doch gab es auch bei der internen Ausstattung etliche Modifizierungen. (Foto: GLMMAM)

die B-57A schließlich am 20. Juli 1953 zum ersten Mal. Vieles war mit dem Original baugleich, neu waren die stärkeren Strahlturbinen J65 als Lizenzausgabe des Armstrong Siddeley Sapphire. Von den ersten 75 bestellten Exemplaren wurden allerdings gerade mal acht als Bomber B-57A, die restlichen als Aufklärer RB-57A ausgeliefert. Eigentliche Einsatz- und zugleich Hauptserienversion wurde somit die im Juni 1954 erstmals geflogene B-57B, die ab Januar des Folgejahres ihren Dienst und zuerst bei der 345. Bombergruppe auf der Langley AFB, Virginia aufnahm. Mit der B-57B wurde die »Amerikanisierung« der Canberra endgültig vollzogen. Neben Strukturverbesserungen erhielt diese Baureihe weitere Neuerungen. Zum Blickfang wurde ein neues Cockpit für eine auf zwei Mann reduzierte Crew, die nun tandemartig hintereinander untergebracht war. Hiermit fielen die Glaskanzel am Rumpfbug sowie der seitliche Einstieg für die Besatzung weg. Zusätzliche Bremsklappen am hinteren Rumpfabschnitt verbesserten die Langsamflugeigenschaften, ein elektrisches Anlasssystem für die Triebwerke machte von Bodendiensten unabhängig. Für Navigation und Bombenzielabwurf kam ein leistungsfähigeres SHORAN-System sowie ein Radarführungsgerät APW-11 zur Anwendung, ergänzt um eine effektive Bombenvorrichtung. Als rotierendes Gestell konnte diese Bomben in schnellerer Folge abwerfen und durch die Verwendung von bereits am Boden bestückten Ersatzkassetten die Standzweit zwischen zwei Einsätzen erheblich verkürzen. Waffentechnisch erfolgte später außerdem die Umstellung der Bordbewaffnung von acht 12,7-mm-MG auf vier 20-mm-Kanonen. Das zweite Baulos der B-57B profitierte zudem von einem Radarwarnempfänger, von Täuschkörperwerfern sowie einem LABS-Bombenwurfsystem, mit dem im Schleuderwurfverfahren Atombomben zum Einsatz gebracht werden konnten.

Anfangs konnte die B-57 die US-Luftwaffe nicht überzeugen, auch aufgrund einer Reihe fataler Unfälle. Schon Anfang 1958 wurde die Außerdienststellung des Bombers vorbereitet, die allerdings durch die Krisen im Libanon sowie in der Straße von Formosa vorerst gestoppt wurde. So verlegte die USAF B-57 in die Türkei sowie nach Japan, wo die bereits vorhan-

Mit Zusatztanks und ungelenkten Luft-Boden-Raketen ist diese B-57B bestückt, sie stellte die Hauptserienversion der amerikanischen Canberra dar. (Foto: GLMMAM)

denen Canberra der 3. US-Bombergruppe Verstärkung erhielten. Doch mit der Abschwächung der Krisen trennten sich die taktischen Bombergruppen 38, 345 sowie 461 von ihren Maschinen und überstellten sie Aufklärungsverbänden oder der Nationalgarde. Die in Japan und Südkorea stationierten B-57 erlangten ab Mitte der 1960er-Jahre durch den ausufernden Konflikt in Südostasien nochmals Bedeutung und wurden auf Stützpunkte auf den Philippinen, danach in Thailand und Südvietnam verteilt. In der Folgezeit flogen sie zahlreiche Angriffe auf Vietcong-Rebellen in Südvietnam, aber auch Ziele in Nordvietnam und Laos, bis die Rückführung der Bomber in die Vereinigten Staaten im September 1969 abgeschlossen war. Das bedeutete aber nicht das Einsatzende der amerikanischen Canberra über Südostasien, denn mit der B-57G fand inzwischen eine vor allem sensortechnisch aufgerüstete, durch Umbau entstandene Variante ab Juli 1969 den Weg ins Inventar der US-Luftwaffe und flog ab September 1970 von Thailand aus Angriffe. Sie richteten sich hauptsächlich nachts gegen Rebellen und deren Nachschubwege in Südvietnam und konnten zahlreiche präzise Treffer verbuchen. Dazu trugen u.a. ein AN/APG-139-Radar mit Digitalanzeige sich bewegender Ziele, ein Laserzielgerät sowie Infrarotsensor und Restlich-TV-System und die Verwendung von Lenkbomben bei. Diese Geräte machten die B-57G aber auch mit zu den teuersten Flugzeugen des Vietnamkriegs und aufgrund des feuchtheißen Klimas mit zu den empfindlichsten. So sank die Verfügbarkeitsrate zunehmend und führte im April 1972 zum Einsatzende des Bombers in Südostasien. Während dieses Krieges gingen über 50 aller 94 eingesetzten B-57 verloren, allein 35 davon durch Abschuss. Zu den Einsatzflugzeugen zählten auch gut drei Dutzend der Trainerversion B-57C, welche seit Mitte der 1950er-Jahre auf die Bomberstaffeln verteilt, über Vietnam aber selten mit Bewaffnung versehen wurden.

Weitere Serienmodelle gab es mit der B-57E als Zielschlepper sowie mehrere Ausführungen als Aufklärer mit z.T. extrem vergrößerten Tragflächen, die als RB-57D, E und F oder Wetteraufklärer WB-57 bekannt und bis in die 1970er Jahre eingesetzt wurden. Zur elektronischen Kampfführung genutzte EB-

57E versahen ihren Dienst in der Nationalgarde von Vermont sogar bis zum Jahr 1982. Drei weitere Jahre dauerte hingegen der Einsatz beim einzigen Exportkunden der amerikanischen Canberra an, den es mit der pakistanischen Luftwaffe gab. Innerhalb des Militärhilfeprogramms MDAP waren hier ab 1959 insgesamt 25 B-57B plus ein Trainer B-57C eingetroffen und nachfolgend zum Bestandteil zweier Bomberstaffeln in Mauripur geworden. In den bewaffneten Auseinandersetzungen mit Indien 1965 und 1971 flogen sie zahlreiche Bombenangriffe auf Flugplätze und Radarstationen, mussten aber auch mehrere Verluste hinnehmen. Zeitweilig flogen amerikanische Canberra auch mit südvietnamesischen und taiwanesischen Kennungen, verblieben aber letztlich im Besitz der US-Streitkräfte. Das Unternehmen Martin hatte insgesamt 403 B-57 aller Versionen hergestellt.

Beim Start der Triebwerke mittels Kartusche setzt diese B-57C deutliche »Rauchzeichen« ab. (Foto: GLMMAM)

North American B-45 Tornado

Für die US-Luftwaffe war die B-45 der erste Bomber im operationellen Einsatz, der über Strahlantrieb verfügte. Basierend auf dem 1944 vorgelegten Entwurf NA-130, erhielt North American noch im September den Auftrag zum Bau von drei Versuchsmaschinen unter der Bezeichnung XB-45. Entsprechende Entwicklungsaufträge erhielten aber auch die Unternehmen Boeing, Convair und Martin, die allesamt trotz groß angelegter Stornierungen nach dem Kriegsende 1945 bestehen blieben. North American konnte seinen Entwurf als erster fertig stellen und unterzeichnete im Januar 1947 einen Vertrag zum Bau von 96 Serienmaschinen B-45A. Knapp zwei Monate später startete am 17. März der erste Prototyp zu seinem Erstflug. Während der Erprobung stürzte eine XB-45 ab, eine zweite wurde bei einem Unfall beschädigt und die dritte gelangte zur Waffenerprobung auf die Wright-Patterson Air Force Base. Seit Februar 1948 war auch die erste Serienmaschine in der Luft, im November begann die Indienststellung der B-45A bei der 47. Bombergruppe auf der Barksdale AFB in Louisiana.

Da die vorgesehenen J47-Strahlturbinen noch nicht verfügbar waren, erhielten die ersten 22 Bomber jeweils vier Allison J35-A-11 mit je 17,8 kN Schub zum Antrieb. Die Triebwerke waren in zwei Gondeln unter dem Schulterdeckertragwerk angebracht. Im Tragwerk fand auch der größte Teil des internen Kraftstoffs in elastischen Tanks Platz, während der Rumpfschacht eine beachtliche Waffenlast einschließlich nuklearer Freifallbomben wie die Mk5 und Mk7 aufnahm. Der Rumpfbug war für den Navigator/Bombenschützen reserviert und war an der Oberseite verglast. Weiter hinten folgte die Kanzel, in der Pilot und Kopilot hintereinander saßen. Im druckbelüfteten Heckstand gab es zudem einen Bordschützen für die dort befindliche Abwehrbewaffnung. Das dreiteilige Fahrwerk des Bombers war einziehbar, verfügte am Bug über zwei und an den Hauptstreben über je ein Rad.

Flugzeugtyp	**B-45A Tornado**
Verwendung	taktisches Bombenflugzeug
Besatzung	4
Triebwerk	vier General Electric J47-GE-9A mit 23,09 kN
Spannweite	27,14 m
Länge	22,95 m
Höhe	7,67 m
Flügelfläche	109,16 m^2
Leermasse	21.671 kg
Startmasse max.	42.069 kg
Höchstgeschwindigkeit	917 km/h
Marschgeschwindigkeit	800 km/h
Dienstgipfelhöhe	12.200 m
Reichweite	3046 km
Bewaffnung	zwei 12,7-mm-MG M3 mit je 600 Schuss im Heck sowie bis 9979 kg Bomben im Rumpfschacht

Vier Strahltriebwerke in zwei Gondeln unter den Tragflächen zeichneten den ersten einsatzfähigen Jetbomber der US-Luftwaffe, die B-45A aus. Für ein mittleres Bombenflugzeug war die Waffenzuladung mit knapp 10.000 kg seinerzeit beachtlich. (Foto: USAF)

Von der verbesserten Bomberversion B-45C wurden nur wenige Exemplare gebaut, weitere Maschinen wurden als Aufklärer fertig gestellt und erlangten so eine größere Bedeutung. (Foto: USAF Museum Dayton, Ohio)

Bis März 1950 waren alle bestellten B-45 ausgeliefert und nach den ersten 22 kam das J47-Triebwerk in verschiedenen Varianten zum Einbau. Anfangs verursachte es einige Probleme und die Laufzeit bis zur kompletten Überholung betrug lediglich 15 Stunden. Weitere Schwierigkeiten verursachten Unzulänglichkeiten am AN/APQ-24-Radar, der Mangel an geeigneten Feuerleiteinrichtungen und Visieren, Störungen am Autopiloten oder gelegentliche Strukturschwächen an der Zelle. Ende 1950 war die Entscheidung gefallen, gut 40 der Bomber für den Einsatz von Atomwaffen inklusive zusätzlicher Elektronik und einem neuen Visier zu modifizieren. Innerhalb des Programms »Backbreaker« wurden diese Flugzeuge ab Mai 1952 im britischen Sculthorpe stationiert und zu einem wichtigen Part der nuklearen Abschreckung in Westeuropa. Die 47. Bombergruppe wurde zum 47. Bombergeschwader und dem Tactical Air Command unterstellt. Zugleich war sie die erste Einheit der US-Luftwaffe, die ausschließlich mit strahlgetriebenen taktischen Bombern ausgerüstet war. 1953 wurde der Verband um eine weitere auf insgesamt drei B-45-Staffeln aufgestockt. Diese Staffel wechselte als 86th Bomb Squadron im September 1955 zum Standort Alconbury, einer Royal Air Force-Basis in Huntingdonshire. 1958 wurden die Bomber durch die B-66 ersetzt, zugleich nahm die Ausmusterung ihren Lauf. Einige Exemplare wurden dann zu Trainern TB-45A sowie Drohnenleitflugzeugen DB-45A umgerüstet.

Nachdem eine B-45B nicht realisiert wurde, gab es mit der B-45C eine weitere Bomberversion. Sie war im Mai 1949 erstmals geflogen, aber im Schatten der größeren und wesentlich leistungsstärkeren Boeing B-47 nur zehnmal gebaut worden. Die B-45C erhielt Flügelspitzentanks sowie eine Nachtankvorrichtung am Vorderrumpf, einen verkleideten Rumpfbug sowie eine neue Cockpithaube. Nun verfügten die beiden Piloten über Schleudersitze, die anderen beiden Besatzungsmitglieder mussten in Notsituationen weiterhin mit dem Fallschirm abspringen. Außerdem war die Startmasse gestiegen, was durch leistungsstärkere J47-Triebwerke mit jeweils 26,7 kN Schub kompensiert werden sollte. Da sich weitere Maschinen in verschiedenen Fertigungsstadien befanden, wurden diese letztlich als Aufklärungsflugzeuge RB-45C komplettiert. Sie kamen im Koreakrieg zum Einsatz und wurden von Westeuropa aus zu zahlreichen Flügen, auch über dem Gebiet der damaligen Sowjetunion verwendet. North American stellte insgesamt 139 Serienflugzeuge in verschiedenen Versionen her, die meisten davon als Bomber.

North American A-2 Savage

Nach dem Zweiten Weltkrieg sollte sich die Rolle der US-amerikanischen Flugzeugträgerverbände dahingehend ändern, dass sie nicht nur gegnerische Schiffseinheiten bekämpfen und die eigenen Streitkräfte an jedem Punkt der Erde unterstützen, sondern auch die Aufgabe der nuklearen Abschreckung übernehmen sollten. Trägergestützten Bombern war dabei die Rolle als Einsatzmittel der Atomwaffen zugedacht, die eigentlich die US-Luftwaffe für sich beanspruchte und das Ganze mit Missbilligung betrachtete. Doch beharrte die US Navy auf ihrer Forderung und eröffnete im August 1945 einen Wettbewerb um einen trägergestützten Atombomber. Diesen konnte North American mit dem Entwurf NA-146 gewinnen und führte trotz der Kontroversen mit der Luftwaffe im Juni 1946 zum Auftrag über drei Prototypen XAJ-1 sowie im Oktober 1947 über die ersten Serienmaschinen. Der erste Prototyp begann die Flugerprobung am 3. Juli 1948, gefolgt vom zweiten im September sowie dem dritten im Januar 1949. Strukturelle Probleme führten zum Verlust der beiden letzten Versuchsmaschinen, sodass Verbesserungen in diesem Bereich bei den Serienexemplaren einfließen sollten. Doch auch hier führten später verschiedene Probleme und Systemfehler bis 1952 zum Verlust von elf Flugzeugen. Oft überhitzten die Triebwerke, Anzeigegeräte arbeiteten fehlerhaft und die War-

Flugzeugtyp	A-2B Savage
Verwendung	bordgestütztes Bombenflugzeug
Besatzung	3
Triebwerk	zwei Pratt & Whitney R-2800-48W Double Wasp mit je 1790 kW sowie ein Allison J33-A-19 mit 17,8 kN
Spannweite	22,19 m
Länge	19,23 m
Höhe	6,72 m
Flügelfläche	77,57 m²
Leermasse	12.500 kg
Startmasse max.	23.978 kg
Höchstgeschwindigkeit	758 km/h
Marschgeschwindigkeit	466 km/h
Dienstgipfelhöhe	13.100 m
Reichweite	3540 km
Bewaffnung	bis 4536 kg Bomben im Rumpfschacht

Ab 1950 flog die verbesserte Bomberversion AJ-2, der Start dieser zur Einheit VAH-6 (bis Juli 1956 VC-6) gehörenden Maschine steht unmittelbar bevor. (Foto: National Museum of Naval Aviation Pensacola)

Die Savage war als Atomwaffen tragender Bomber für die Flugzeugträgerverbände der US Navy gedacht, neben den beiden Kolbenmotoren besaß sie im Heck ein zusätzliches Strahltriebwerk. Diese AJ-1 befindet sich über den südkalifornischen Channel Islands. (Foto: National Museum of Naval Aviation Pensacola)

tung gestaltete sich recht intensiv, mehrmals gab es Flugverbot.

Die Staffel VC-5 war seinerzeit Erstempfänger der Savage und erhielt die ersten Exemplare im September 1949. Im Folgejahr absolvierten AJ-1 Trägerqualifikationen an Bord der *USS Coral Sea*, später erfolgte der Einsatz auch von anderen Trägerschiffen sowie von Port Lyautey, Marokko, Atsugi, Japan und kurzzeitig von Südkorea aus. Als Atomwaffen tragenden Bomber flogen neben VC-5 auch die Einheiten VC-6, VC-7, VC-8 und VC-9 die Savage, ab Mitte der 1950er-Jahre wurden aus ihnen Heavy Attack Squadrons wie VAH-5, VAH-6, VAH-7, VAH-11, VAH-9. Hinzu kam VAH-15, die ihre Flugzeuge als Tanker nutzte. Inzwischen stand außerdem mit der AJ-2P eine Version als Luftbildaufklärer im Dienst, neben einsatzspezifischen Änderungen gab es ein verbessertes Hydrauliksystem sowie eine vergrößerte Seitenflosse. Verschiedene Neuerungen, die beim AJ-2P-Aufklärer einflossen, kamen auch bei der neuen, im Februar 1951 bestellten Bomberversion AJ-2 zum Einsatz. Gestiegen waren Antriebsleistung, Kraftstoffkapazität, Waffenzuladung und letztlich die Startmasse, die Lieferungen waren bis 1954 abgeschlossen. Neben werksneuen AJ-2, die ab 1962 A-2B hießen, wurden 42 AJ-1 (A-2A ab 1962) auf den

*Eine AJ-1 Savage ist auf dem Flugzeugträger **USS Yorktown** abgestellt, hier stehen Wartungs- oder Reparaturarbeiten an. (Foto: National Museum of Naval Aviation Pensacola)*

neuen Standard umgerüstet. Zehn Staffeln der US Navy hatten die AJ-2 in ihrem Bestand, doch waren sie als Bomber schnell veraltet und viele Maschinen wurden zu Tankern umgebaut. Bei diesen Flugzeugen wurde auf das Strahltriebwerk im Heck verzichtet und dafür ein Schlauchtrommelbehälter installiert.

Der Antrieb der Savage stellte eine Besonderheit dar, denn er bestand aus zwei Kolbenmotoren am faltbaren Schulterdeckertragwerk sowie dem Strahltriebwerk im Heck. Letzteres diente vor allem der Starthilfe sowie der Beschleunigung im Angriffsflug auf bis zu 760 km/h. Es verfügte über einen verschließbaren Lufteinlass vor dem Seitenleitwerk, der sich während des Einsatzes öffnete. Der Rumpf der Savage war mehr oder weniger um den Bombenschacht konstruiert, der unterschiedliche Atombomben wie bspw. Mk4, Mk6 oder Mk15 aufnehmen konnte. Unter einer stark verstrebten Cockpithaube saßen Pilot und Kopilot, im Raum dahinter der Bombenschütze mit optischen Zielgeräten. In Havariefällen mussten sie das Flugzeug über eine seitliche Tür verlassen und sich mittels Fallschirm retten. Am Heck gab es für den trägertypischen Einsatz einen Fanghaken, das Seitenleitwerk war für eine bessere Bordunterbringung seitlich klappbar ausgelegt. Das Fahrwerk war an den beiden Hauptbaugruppen je doppelt, am Bugrad einfach bereift und natürlich einziehbar. Typisch war die Verwendung von Zusatztanks als Tragflächenendbehälter.

Insgesamt liefen rund 140 Savage aller Versionen von den Fertigungsbändern der North American-Herstellerwerke in Inglewood und Columbus, die meisten waren bis 1960 außer Dienst gestellt. Eine Super Savage genannte Weiterentwicklung erhielt zwei Propellerturbinen mit gegenläufigen Luftschrauben zum Antrieb, während auf das zusätzliche Strahltriebwerk von vornherein verzichtet wurde. Ein Testflugzeug wurde als XA-2J-1 ab 1952 im Flug erprobt, doch blieben die Leistungen unter den Erwartungen und man sah von einem Serienbau ab.

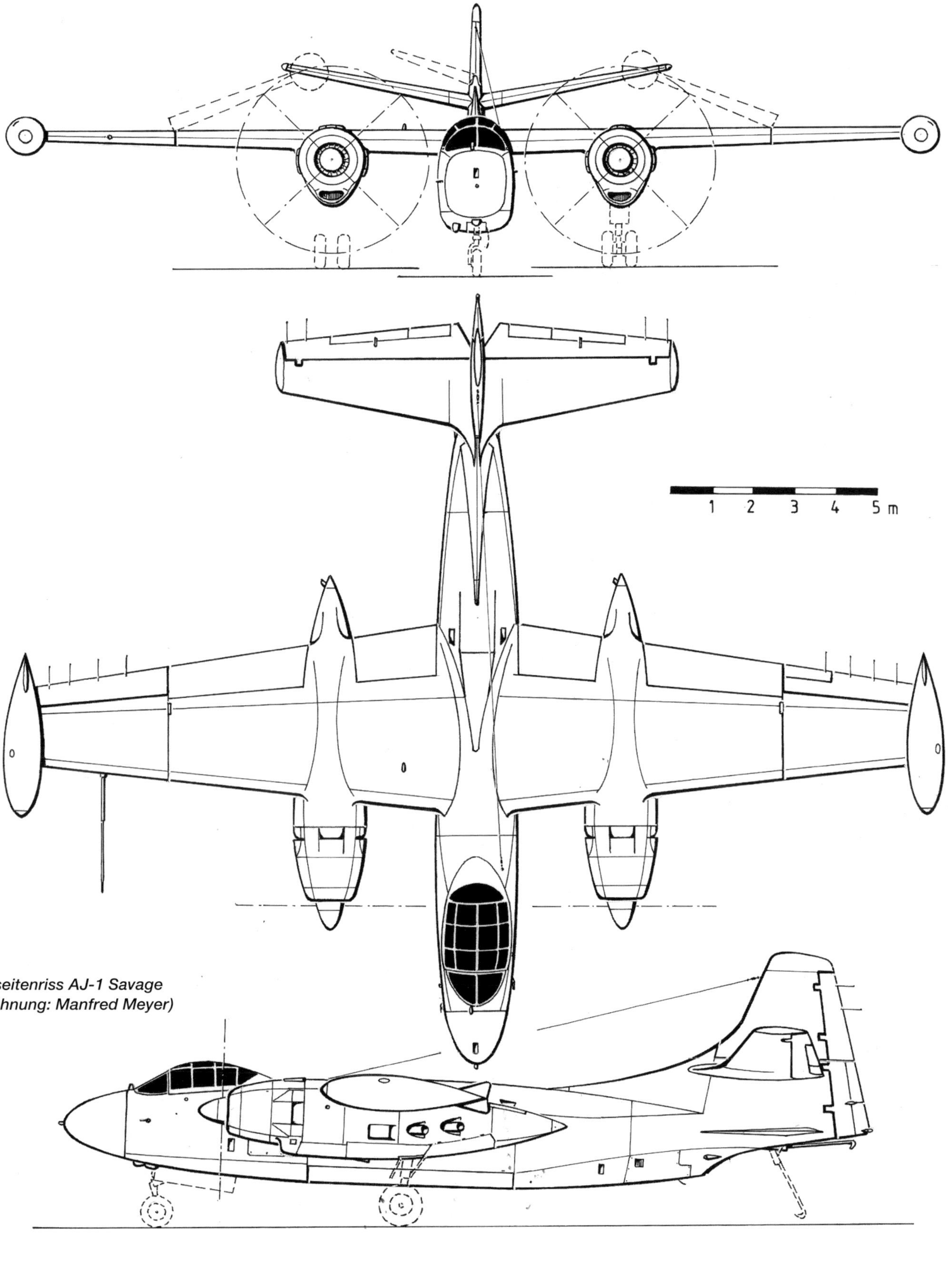

Dreiseitenriss AJ-1 Savage
(Zeichnung: Manfred Meyer)

North American A-5 Vigilante

Die Vigilante war ein enorm leistungsstarkes und in erster Linie fortschrittliches Muster, das in Sachen Werkstoffen, Aerodynamik und technologischen Neuheiten ihrer Zeit voraus war. Dazu zählten u.a. die automatisch verstellbaren Lufteinlässe für die beiden Strahlturbinen, die auf der Ober- und Unterseite des Tragwerks befindlichen Störklappen, welche sich öffnen konnten und statt Querrudern die Quersteuerung übernahmen, des Weiteren voll bewegliche Höhen- und Seitenleitwerke, Aluminium-Lithium-Legierungen am gesamten Tragwerk oder auch ein frühes, damals Pilots Projected Display genanntes Head-up-Display. Bemerkenswert und zugleich ein Novum stellte auch die integrierte Trägheitsnavigationsanlage inklusive Mehrzweckradar für Navigation und Waffeneinsatz dar, welches mit einem Fernsehsystem und einem Digitalrechner verbunden war. Zusätzlich dienten mehrere Sensoren dem Erkennen und Stören gegnerischer Radare. Extravagant fiel auch die Unterbringung der Bewaffnung in einem Rumpfschacht zwischen den Triebwerken aus. Am Boden wurde der Schacht von unten geöffnet, mit zwei Kraftstofftanks und einer Atombombe, die miteinander verbunden waren, bestückt und im Einsatz der Abwurf vom Bordrechner ausgelöst. Hierbei wurde der Heckkonus des Flugzeugs abgesprengt, der Arretie-

Flugzeugtyp	**A-5A Vigilante**
Verwendung	bordgestütztes Bombenflugzeug
Besatzung	2
Triebwerk	zwei General Electric J79-GE-8 mit je 75,6 kN mit Nachbrenner
Spannweite	16,17 m
Länge	22,31 m
Höhe	5,91 m
Flügelfläche	70,05 m²
Leermasse	15.581 kg
Startmasse max.	27.670 kg
Höchstgeschwindigkeit	2230 km/h
Marschgeschwindigkeit	900 km/h
Dienstgipfelhöhe	18.300 m
Reichweite	3614 km
Bewaffnung	bis 2718 kg Bomben, ungelenkte Raketen im Rumpfschacht sowie zwei Aufhängepunkten

Mit auffälligem Anstrich diente diese A3J-1 (A-5A) bis zu ihrem Absturz im März 1961 verschiedenen Waffentests beim Naval Air Test Center in Patuxent River, Maryland. (Foto: National Museum of Naval Aviation Pensacola)

Seinerzeit bestach die Vigilante durch eine moderne aerodynamische Konzeption. (Foto: US DoD)

Diese A-5A wird im Sommer 1960 für die Trägerqualifikation auf die USS Saratoga verschifft. Tragwerk, Seitenflosse und Radarverkleidung sind dabei beigeklappt. (Foto: National Museum of Naval Aviation Pensacola)

Computern ermittelt, Systeme in 800.000 Betriebsstunden sowie Modelle rund 24.000 h im Windkanal getestet. Des Weiteren wurden 600 neue Fertigungsverfahren entwickelt und etwa 900 verschiedene Werkstoffarten verwendet. Kein Wunder das der Stückpreis des Flugzeugs auf knapp 2 Milliarden US-Dollar anstieg und es zum teuersten der Welt machte. Dabei wurde die ursprüngliche Order von 132 Bombern bereits 1991 auf 75 und später auf 20 Exemplare verringert. Hinzu kommt ein Prototyp, der nach verschiedenen Testreihen auf den Einsatzstandard gebracht wurde. Der Prototyp der B-2A wurde im November 1988 der Öffentlichkeit vorgestellt, am 17. Juli 1989 fand sein Erstflug statt. Ende 1993 begannen die Auslieferungen an das 509. Bombergeschwader der US-Luftwaffe in den sogenannten Blocks 10 bis 30. Hier gab es ständige Erweiterungen der Ausstattung und der Fähigkeiten. Die Einführung der ungewöhnlichen B-2 offenbarte auch einige Probleme etwa mit der Radarsignatur, der Avionik oder den Stealth-Eigenschaften bei Regenwetter. Die erforderliche perfekte Außenhaut des Bombers musste ständig ausgebessert werden, Nachrüstungen erforderten große Summen an Geld. Auch mussten neue Anlagen zur Unterbringung gebaut werden, um die Maschinen nicht zu sehr äußeren Einflüssen auszusetzen. Spezielle, verlegbare und zugleich klimatisierte Hangars wurden gebaut und ein Teil davon auf Diego Garcia, im englischen Fairford sowie auf Guam aufgestellt. Andererseits kann die B-2 Missionen erfüllen, für die zum gleichen Zweck eine Vielzahl anderer Flugzeuge nötig gewesen wären. Noch mehr als bei der F-117 hatte die B-2 schwer verständliche Technologie angewandt und viele machen sie mitverantwortlich für das Ende des Kalten Krieges sowie den Zusammenbruch der einstigen Supermacht Sowjetunion.
Am 1. April 1997 erhielt die B-2-Flotte eine limitierte Einsatzbereitschaft und schon zwei Jahre später erfolgte das Kampfeinsatzdebüt während der Operation »Allied Force« über dem ehemaligen Jugoslawien. Zwei B-2A waren im März 1999 von der Whiteman Air Force Base in Missouri aus zu einem Direktangriff gestartet, warfen jeweils 16 GPS-gesteuerte GAM-84-Bomben aus 12.000 m Höhe ab und landeten nach über 30stündigem Nonstop-Einsatz und mehreren Luftbetankungen wieder in Whiteman. Bis Ende April folgten mehr als 30 solcher Einsätze, bei denen rund 600 JDAM-Waffen verwendet wurden. Weitere Attacken erfolgten innerhalb von »Enduring Freedom« über Afghanistan, wobei hier noch längere Flugzeiten von bis zu 44 h am Stück absolviert wur-

Für die Langstreckeneinsätze der B-2 sind Betankungen in der Luft unverzichtbar. Während eines Manövers über dem Pazifik wird diese B-2 von einer KC-10 mit Kraftstoff versorgt. (Foto USAF)

Rockwell B-1 Lancer

Gegenwärtig zählt die B-1 noch immer zu den größten und leistungsstärksten Kampfflugzeugen überhaupt, annähernd 50 erflogene Weltrekorde stehen auf ihrem Konto. Wechselhaft gestaltete sich dagegen die weit zurück reichende Entwicklungs- und Einsatzgeschichte. Schon Anfang der 1960er-Jahre suchte die US Air Force einen Nachfolger für die B-52, der künftig Teil der nuklearen Abschreckung werden sollte. Im November 1969 definierte eine Ausschreibung den zu entwickelnden Bombertyp, den die Rockwell Division von North American schließlich für sich entscheiden konnte. 1967 hatten sich North American und Rockwell zusammengeschlossen, weshalb die B-1 bis heute gelegentlich als North American-Produkt angesehen wird. 1973 wurde aus dem Unternehmen übrigens Rockwell International, seit 1996 ist es Teil von Boeing.

Bei Entwicklungsbeginn waren Schwenkflügelkonstruktionen recht populär. Sie halfen Start- und Landestrecke zu verkürzen und Geschwindigkeiten dem jeweiligen Einsatzprofil anzupassen. So konnte man mit einem langsamen Marschflug die Reichweite erhöhen, kurz vor dem Zielgebiet mit dem größtmöglichen Pfeilwinkel auf Überschallgeschwindigkeit und ebenso nach dem Abwurf der Waffenlast beschleunigen und im Idealfall der gegnerischen Luftabwehr entkommen.

Flugzeugtyp	**B-1B Lancer**
Verwendung	Langstreckenbombenflugzeug
Besatzung	4
Triebwerk	vier General Electric F101-GE-102 mit je 136,9 kN mit Nachbrenner
Spannweite	23,84 bis 41,67 m
Länge	44,81 m
Höhe	10,36 m
Flügelfläche	181,16 m^2
Leermasse	87.088 kg
Startmasse max.	216.634 kg
Höchstgeschwindigkeit	1328 km/h
Marschgeschwindigkeit	980 km/h
Dienstgipfelhöhe	15.240 m
Reichweite	11.995 km
Bewaffnung	bis 34.020 kg Bomben, Minen, Marschflugkörper im Rumpfschacht

Die zur Dyess AFB gehörenden Lancer werden für einen Langstreckeneinsatz in der Luft betankt und können damit ihre Flugdauer beträchtlich ausweiten. (Foto: USAF)

Die B-1B kann eine enorme Waffenlast aufnehmen, hier werden fallverzögerte Mk82-Bomben abgeworfen. Die Einsatzrolle als Atombomber wurde 1995 gestrichen. (Foto: USAF)

Zudem sollte es dem Bomber möglich sein, Eindringeinsätze in geringer Flughöhe zu absolvieren und somit möglichst vom gegnerischen Radar unentdeckt zu bleiben. Immer wieder aktualisierte Einsatzanforderungen wie auch Diskussionen, dass Raketen strategische Bomber überflüssig machen würden, führten letztlich zu einigen Verzögerungen im Entwicklungsprogramm. Rockwell schuf eine aerodynamisch ausgefeilte Konstruktion mit Schwenkflügeln, die sich von 15 bis 67,5 Grad verstellen lassen. Unter den gewaltigen Tragflächenansätzen wurden vier Strahltriebwerke zu zwei Paaren platziert, weiter innen wurden die beiden Hauptfahrwerke mit je vier Rädern untergebracht und vom doppelt bereiften Bugrad ergänzt. Der spitze Rumpfbug war für eine leistungsfähige Radaranlage für den Geländefolgeflug sowie die Zielsuche- und verfolgung reserviert. Überhaupt war die Elektronik des Flugzeugs sehr umfangreich, ebenso die Bewaffnung. Sie sollte vor allem aus konventionellen und nuklearen Freifallbomben und Minen, später auch aus Marschflugkörpern bestehen. Theoretisch konnten die drei internen Waffenschächte sowie (in der Praxis nicht montierte) externe Stationen eine gewaltige Waffenmenge von bis zu 60 Tonnen Waffen laden. Die Höhenleitwerke waren als voll bewegliche Pendelruder ausgelegt, am Vorderrumpf wurden zusätzlich kleine Steuerflächen zum Ausgleich bei Tiefflugeinsätzen montiert.

Bereits 1971 wurde die Bestellung von Prototypen und Triebwerken gekürzt, zugleich zog die Bewertung einer Attrappe Hunderte Änderungswünsche nach sich. Weiteren Zündstoff gab es in politischer Hinsicht, da allein am Prototypenprogramm mehr als 3000 Firmen aus 47 US-Bundesstaaten beteiligt und Abgeordnete möglicherweise bei der Vergabe von Aufträgen involviert waren. Schließlich startete der erste Prototyp der B-1A am 23. Dezember 1974 zu seinem Erstflug, drei weitere Versuchsmaschinen unterstützten nachfolgend die Flugerprobung. Im April 1975 wurden erstmals Überschallgeschwindigkeit erreicht und später stattliche Mach 2,2 nachgewiesen. Der optimistisch anvisierte Bau von 240 Maschinen erhielt im Juni 1977 einen erheblichen Dämpfer, als die damalige Regierung der Serienproduktion eine Abfuhr erteilte. Die Testreihen mit der B-1A durften aber fortgeführt werden und endeten im April 1981. Doch schon im Oktober desselben Jahres verfügte die neue Regierung unter Ronald Reagan, eine überarbeitete Version als B-1B in 100 Exemplaren herzustellen und startete damit das bis dahin teuerste Programm der US-Luftwaffe. Neben zwei umgerüsteten und wieder ab 1982 geflogenen

nen B-1A begann die erste echte B-1B im Oktober 1984 mit den Testflügen. Schon im Folgejahr wurde die erste Serienmaschine dem 96. Bombengeschwader auf der Dyess Air Force Base in Texas übergeben und 1986 eine anfängliche Einsatzbereitschaft erreicht. Bis zum Frühjahr 1988 waren alle B-1B ausgeliefert, am 1. März 1990 wurde offiziell der Zusatzname Lancer vergeben. Geläufig ist bis heute aber auch »Bone«, abgeleitet vom englisch ausgesprochenen B-One.
Die B-1B ist ihrem Vorgänger zumindest äußerlich sehr ähnlich. Es gibt aerodynamische Verfeinerungen und eine verstärkte Struktur, vor allem aber weiterentwickelte Bordsysteme. Dazu gehört das Mehrzweckradar AN/APQ-164 sowie eine Trägheitsnavigationsanlage, später ergänzt um GPS. Recht umfangreich ist das aus mehr als 100 Subelementen wie hochsensiblen Antennen, Sensoren, Störsendern bestehende Abwehrsystem AN/ALQ-161, das allerdings häufig in der Kritik stand und erst nach weiterführenden Modifizierungen effektiv arbeitete. Zusätzlich wurde bei der B-1B eine Verringerung der Radarsignatur erreicht, die höchstens bei einem Viertel der B-52 Stratofortress liegt. Geändert wurden auch die Lufteinlässe der Triebwerke, die nicht mehr verstellbar sind und damit die Höchstgeschwindigkeit auf Mach 1,25 limitieren. Die aus Pilot, Kopilot sowie zwei Systemoperateuren bestehende Besatzung erhielt in ihrer Druckkabine separate Schleudersitze statt der gemeinsamen, im Notfall absprengbaren Kapsel der B-1A. Gerade in den ersten Dienstjahren arbeiteten nicht alle Systeme der B-1B zuverlässig und lösten mehrmals Debatten um den Einsatzwert des Flugzeuges aus. Schließlich sank die Verfügbarkeitsrate Anfang der 1990er-Jahre auf etwas mehr als 50% ab, Systemfehler lösten mehrmals Flugverbote aus. Erst durch verschiedene Upgrades, die in mehreren Blocks realisiert wurden, konnte die Einsatzfähigkeit des Bombers wieder angehoben werden. Wichtig war das Conventional Mission Upgrade Program (CMUP), wobei die Nuklearrolle der B-1B gestrichen, der Einsatz von konventionellen und vorwiegend präzisionsgelenkten Waffen ausgeweitet wurde. CBU-Streubomben oder JDAM-Waffen wie die GBU-31, AGM-154 und AGM-158 gelangten ins Inventar der Lancer, auch wurde das Schleppen von ALE-50-Decoys als Köder ermöglicht. Das elektronische Abwehrsystem wurde immer wieder modernisiert, zudem können gewaltige, aus der Rumpfoberseite ausgestoßene Täuschkörper anfliegende Raketen ablenken. Ab 2014 fand der größte Austausch von Hard- und Software statt, die Crew erhielt multifunktionelle Farbbildschirme und kann via Datenvernetzung mit anderen Einheiten der eigenen und verbündeten Streitkräfte in der Luft und am Boden in Echtzeit

Selbst in ihrer Größe besticht die B-1B mit Schnittigkeit, am Vorderrumpf sind die kleinen, abgewinkelten Steuerflächen zum Abmildern von Windböen bei Tiefflugeinsätzen gut zu sehen. (Foto: USAF)

Über den Triebwerksgondeln der B-1B befinden sich die Schwenklager als Kernstücke des gesamten Verstellmechanismus der Tragflächen. (Foto: Heiko Thiesler)

kommunizieren und damit umgehend auf geänderte Einsatzschemen reagieren. Inzwischen galt die B-1B als Rückgrat der strategischen Bomberflotte der US-Luftwaffe, bis zur Jahrtausendwende war die Verfügbarkeitsrate auf 80% angestiegen und eine hohe Effizienz offenbarte sich auch beim Einsatz in jüngeren Konflikten.

Die zunehmende Fähigkeit zum Einsatz von Präzisionswaffen spielte die B-1B ab den 1990er-Jahren zunehmend aus und erzielte hohe Trefferquoten. 1998 waren innerhalb der Operation »Desert Fox« militärische Objekte im Irak die Ziele des Bombers, im Folgejahr wurden sechs Lancer ins britische Fairford verlegt und flogen während der Operation »Allied Force« über 100 Attacken gegen jugoslawische Einrichtungen. Die nächtlichen Einsätze dauerten sieben bis acht Stunden und galten infrastrukturellen und militärischen Zielen. Mit Beginn der Operation »Enduring Freedom« über Afghanistan wurden 2001 erneut B-1B zu Bombardements herangezogen und verwendeten allein bis zum März des nächsten Jahres 3900 Lenkbomben, ab 2003 wurden wiederum Ziele im Irak angegriffen. Nahezu zeitgleich nahm die US-Luftwaffe 32 B-1-Bomber aus dem aktiven Dienst, um sie teils als Reserve, teils als Ersatzteilspender zu nutzen. Hohe Betriebskosten inklusive War-

Mit maximal zurückgeschwenkten Tragflächen kann die B-1B auf Überschallgeschwindigkeit beschleunigen und erreicht eine beachtliche Steigrate von 83 m/s. (Foto: US DoD / R.W. Valenca)

Diese Lancer ist Bestandteil des 28. Bombergeschwaders auf der Ellsworth AFB, South Dakota, und in die 37. Bomberstaffel eingegliedert. Start und Landung der Maschine erfolgen mit ungepfeiltem Tragwerk. (Foto: USAF)

tungsaufwand waren mit ausschlaggebend und sollten Geld einsparen. Doch die häufigen Einsätze, vorwiegend über Afghanistan und Irak, erforderten die Inbetriebnahme eingelagerter Maschinen und die erneute Zuführung zu den regulären Einsatzverbänden. Nochmals sank der Klarstand der Einsatzmaschinen ab, was auch auf eine mangelhafte logistische Unterstützung einschließlich Ersatzteilversorgung zurückzuführen war. Mit neuen Einsatzsystemen wie einer verbesserten Avionik, dem extern mitgeführten »Sniper«-Zielbehälter oder modernen Abstandswaffen konnte man den Einsatzwert der Lancer wieder anheben und plant aktuell den Einsatz des Schwenkflüglers über das Jahr 2030 hinaus. Derzeit stehen rund 60 B-1B im Dienst und sind auf den Luftwaffenbasen Dyess, Texas sowie Ellsworth, South Dakota zu Hause, regelmäßig sind sie auch auf Überseestützpunkten wie Diego Garcia, Guam, Katar, Oman oder Großbritannien anzutreffen.

Die Draufsicht mit minimalem Stellwinkel der Tragflächen verdeutlicht recht gut das Design des Flugzeugs, die Anordnung der Triebwerke, den starren sowie den beweglichen Teil des Tragwerks. (Foto: Alexander Golz)

EL
120

Zwei bis drei Kanoniere bzw. Lademeister sind an Bord eines AC-130H-Gunships für die Bedienung der 105-mm-Haubitze nötig. (Foto: US DoD / Rose Reynolds)

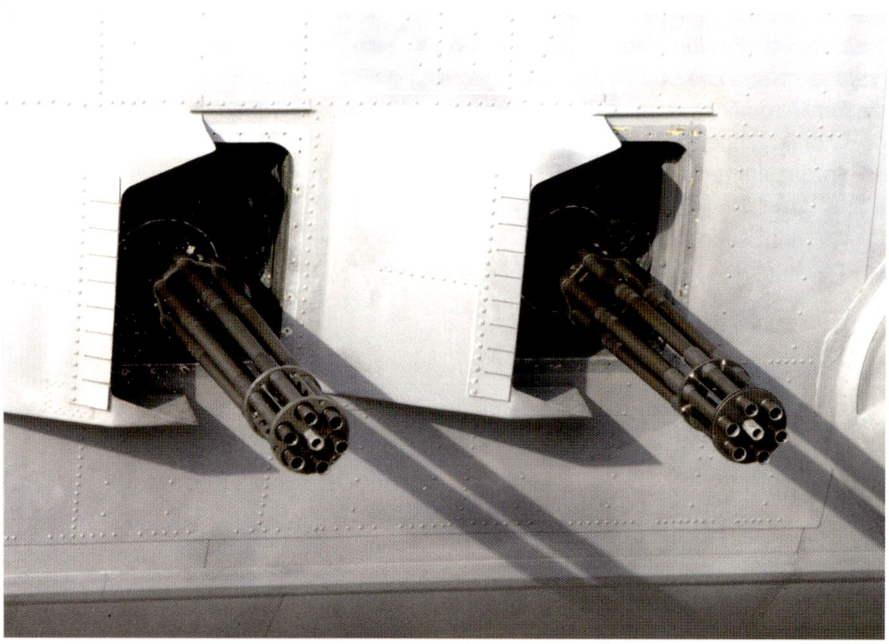

Als Teil der Bordbewaffnung einer AC-130H zeigen zwei »Vulcan«-Kanonen ihre sechs Läufe im Kaliber 20 mm. Sie verfügen über eine hohe Feuergeschwindigkeit und jeweils 3000 Schuss Munitionsvorrat. (Foto: US DoD / Bill Thompson)

Syrien durch. Zwischenzeitlich suchte das Air Force Special Operation Command nach einem Ersatz für die in die Jahre gekommenen AC-130H und entschied sich zunächst für eine Zwischenlösung. Neben neuen, 2007 ausgelieferten AC-130U wurden drei Jahre später 12 Maschinen in Auftrag gegeben, die aus Spezialflugzeugen MC-130W zu AC-130W Stinger II-Gunships umgebaut wurden und zur 73. Special Operation Squadron auf die Cannon AFB, New Mexico gelangten. Mit ihrer Ausrüstung und vor allem ihrer Bewaffnung stellen sie auch den Vorreiter des neuesten Serienmodells AC-130J Ghostrider dar. Das erreichte im Herbst 2017 eine anfängliche Einsatzbereitschaft bei der US-Luftwaffe und ist ebenfalls auf der Cannon Air Force Base beheimatet. Bis ins nächste Jahrzehnt ist die Anschaffung von mehr als 30 dieser Gunships der neuesten Generation geplant. Zur fest installierten Bewaffnung der AC-130J gehört eine 30-mm-Kanone GAU-23/A sowie eine 105-mm-Haubitze M102 und daneben kann sie auch an externen Punkten Abwurfwaffen mitführen. Hierzu zählen verschiedene Bombentypen wie auch präzisionsgelenkte der GBU-Serie und zudem Lenkraketen wie AGM-114 und AGM-176, die z. T. von Mehrfachwerfern aus dem Rumpf gestartet werden können. Der Antrieb der AC-130J besteht nunmehr aus vier Turbopropriebwerken AE2100 von Rolls-Royce, die über sechsblättrige Propeller verfügen und den Einsatz wesentlich effizienter gestalten. Natürlich gibt es zeitgemäße Neuerungen im Avionikbereich einschließlich digitalem Cockpit, die Besatzung zählt jetzt insgesamt neun Mitglieder. Interessanterweise verfügt inzwischen auch das US Marine Corps über mehrere Flugzeuge vom Typ KC-130J Harvest HAWK, die ebenfalls als Gunships verwendet werden können. HAWK steht dabei für Hercules Airborne Weapons Kit und schließt neben hochauflösenden Zielsystemen auch Rohrwaffen sowie Starter für Lenkwaffen ein, die als Rüstsätze zum Einbau gelangen und bei Bedarf wieder demontiert werden können.

Rüstsätze waren auch Bestandteile weiterer Flugzeuge, die als Gunships getestet und z.T. unter realen Bedingungen einsatzerprobt wurden. So verwendete die US Navy zwischen September 1968 und Juni 1969 vier AP-2H innerhalb der Staffel VAH-21 zu rund 200 Gunship-Einsätzen hauptsächlich über dem Mekong-Delta sowie dem Ho-Chi-Minh-Pfad. Die AP-2H waren Umrüstflugzeuge und aus dem U-Boot-Jäger P-2 Neptune entstanden, aber wesentlich stärker armiert inklusive Bomben, MG, SUU-11-Minikanonen oder 40-mm-Granatwerfer XM-149. Außerdem wurden leistungsfähige Zielerfassungsgeräte wie Such- oder auch Seitensichtradar, vorwärts und abwärts gerichtete Infrarotscanner und Low Light Level TV-Sensoren eingebaut. Erprobt wurde auch das Digital Integrated Attack and Navigation Equipment (DIANE), wie es Jagdbomber vom Typ A-6 Intruder zu präzisen Angriffen über Südostasien benutzten. Eine zehnköpfige Crew absolvierte die bis zu vier Stunden dauernden Einsätze mit den AP-2H ausschließlich nachts. Ebenfalls mit einer Vielzahl leistungsfähiger Sensoren wurden zwei Fairchild-Transportflugzeuge vom Typ Provider unter dem Projektnamen »Black Spot« ausgerüstet. Als AC-123 bzw. NC-123K wurden auch sie ab Ender der 1960er-Jahre über Südostasien eingesetzt und konnten dabei mehrere Hundert Fahrzeuge zerstören oder beschädigen. Auch kleinere Typen wie COIN-Flugzeuge testeten das Gunship-Prinzip und wurden als »Mini Gunships« bekannt. Gute Beispiele sind die OV-10 in den Varianten NOGS (Night Observation Gunship System) und NOS (Night Observation Surveilance), die ab Anfang der 1970er-Jahre über Vietnam Kampfeisätze flogen oder auch die aus zivilen Mustern abgeleiteten Fairchild AU-23 und Helio AU-24. Beide wurden mit Lafetten für seitlich feuernde Rohrwaffen versehen und konnten zudem Bomben und Raketenwerfer einsetzen.

Die AC-130U erprobte ab 2007 die 30-mm-Bushmaster-Kanone, hier im Vordergrund, die aber zunächst in Sachen Zielgenauigkeit enttäuschte und überarbeitet werden musste. (Foto: USAF)

Die Bordkanonen dieser AC-130H sind gut sichtbar, zudem gibt es an zahlreichen Stellen des Rumpfes jede Menge Sensorverkleidungen und unter dem hochgezogenen Heck eine Beobachtungskuppel. (Foto: USAF)

Ähnlich den Gunships, allerdings ausschließlich mit vorwärts feuernden Waffen waren B-26K Counter Invader schwer bewaffnete Flugzeuge. Allein im Bug sind acht 12,7-mm-MG installiert. Die CIA nutzte diese Flugzeuge im Kongo, die US-Luftwaffe in Panama und schließlich Vietnam. (Foto: USAF Museum Dayton, Ohio)

Vier U-Bootjäger vom Typ Neptune wurden zu Gunships AP-2H umgerüstet, verfügten neben einer verstärkten Bewaffnung über hochleistungsfähige Scanner und flogen Ende der 1960er-Jahre Einsätze über Vietnam. (Foto: National Museum of Naval Aviation Pensacola)

Das Spooky-Konzept von Anfang der 1960er-Jahre fand auch in anderen Ländern etwa El Salvador, Honduras, Indonesien, Kolumbien sowie in Südafrika Anwendung und nutzte als Basis ebenfalls die Douglas DC-3 / C-47. Eine gewisse »Modernität« erlangten dabei einige dieser Flugzeuge durch die Umrüstung auf Propellerturbinen, die hauptsächlich durch die Basler Turbo Conversions durchgeführt wurden. Andererseits gehörten auch hier neben MG und Kanonen sensible Sensoren oder auch Nachtsichtgläser für die Crew zur Ausstattung.

Das Gunships weiterhin wichtige Elemente der heutigen und künftigen Kampfführung sind, zeigt nicht nur das Interesse der US-Streitkräfte an modernen Einsatzmustern, sondern beweist auch das Angebot auf dem internationalen Markt. So präsentierte Alenia Aermacchi (heute Leonardo) aus Italien ab 2012 die MC-27J Praetorian als sogenanntes Multi Mission Aircraft und schickte eine erste Maschine im April 2014 in die Flugerprobung. Das bekannte Transportflugzeug C-27 wurde hierbei mit elektro-optischen sowie Infrarotsensoren, Nachtsichtgeräten und einer 30-mm-Kanone auf der linken Rumpfseite ausgerüstet. In typischer Gunship-Manier kann es somit Bodenziele unter Beschuss nehmen und soll künftig auch Lenkwaffen verwenden können. Auf einer abnehmbaren Plattform installiert, verfügt die Kanone als autarke Einheit auch über eine eigene Stromversorgung und kann bei Bedarf wieder schnell demontiert und das Flugzeug zu Transport- oder Absetzaufgaben genutzt werden. Inzwischen gibt es auch von Airbus ein ähnliches Angebot in dieser Größenordnung, das auf dem gut verkauften Transporter C-295 aufbaut und in den letzten Jahren auch unter dem Zusatznamen Gunner offeriert wurde. Seitlich feuernde MG oder eine Mauser-Kanone BK27 gehören zu den Optionen, letztere ebenfalls als lafettierter Einbaurüstsatz.

Als Mini-Gunship nahm die YOV-10D NOGS einen um 360 Grad drehbaren Waffenturm mit dreiläufiger 20-mm-Kanone M-197, weitere Waffen sowie einen Laser- und Infrarotsensor auf. Das US Marine Corps testete zwei Maschinen 1971/72 im Krieg über Südostasien. (Foto: National Museum of Naval Aviation Pensacola)

Inzwischen ist man auch in Europa auf das Gunship-Einsatzschema aufgesprungen. Italiens MC-27J Praetorian wird auch als Multi Mission Aircraft bezeichnet und kann hierbei eine 30-mm-Kanone einsetzen. (Foto: Matt Wegener)

Gleichfalls lotet Airbus mit einer Gunship-Variante der C-295 den möglichen Bedarf an derartigen Flugzeugen aus und präsentiert sie als Gunner mit entsprechender Kanonenbewaffnung auf diversen Luftfahrtmessen. (Foto: Airbus Defence and Space)

Technische Daten von drei typischen Gunships

Typ	**AC-47D**	**AC-119K**	**AC-130U**
Besatzung	6	10	13
Triebwerk	zwei Pratt & Whitney R-1820-92 mit je 895 kW	zwei Wright R-3350-89 mit je 2535 kW und zwei General Electric J85-GE-17 mit je 12,7 kN	vier Allison T56-A15 mit je 3362 kW
Spannweite (m)	28,95	33,30	40,41
Länge (m)	19,62	26,37 m	29,79
Höhe (m)	5,20	8,12	11,66
Flügelfläche (m²)	91,70	134,43	162,12
Leermasse (kg)	8620	26.437	34.257
Startmasse max. (kg)	11.794	36.469	79.389
Höchstgeschwindigkeit (km/h)	370	402	612
Dienstgipfelhöhe (m)	7315	6700	10.058
Reichweite (km)	2400	3185	4082
Bewaffnung	drei sechsläufige 7,62-mm-MG mit je 7000 Schuss	vier sechsläufige 7,62-mm-MG mit je 5000 Schuss, zwei sechsläufige 20-mm-MK mit je 2000 Schuss	eine fünfläufige 25-mm-MK mit 3000 Schuss, eine 40-mm-Kanone mit 256 Schuss, eine 105-mm-Haubitze mit 96 Schuss

Anhang

Literaturverzeichnis

Neben Herstellerangaben und Informationen aus dem Archiv der Emil-Buehler-Library im National Museum of Naval Aviation Pensacola wurden folgende Quellen berücksichtigt:

- Air Forces Monthly – verschiedene Ausgaben
- Aircraft – verschiedene Ausgaben
- Aircraft In British Military Service, Vic Flintham
- Air War In The Gulf 1991, Christopher Chant
- American Attack Aircraft Since 1926, E.R. Johnson
- Chinese Aircraft – Chinese Aviation Industry Since 1951, Yefim Gordon, Dmitriy Kommisarov
- Combat Aircraft – verschiedene Ausgaben
- Conflict In The Balkans 1991-2000, Tim Ripley
- Dragon's Wings, Andreas Rupprecht
- Flieger Revue – verschiedene Ausgaben
- Flug Revue – verschiedene Ausgaben
- Flugzeuge der DDR, Detlef Billig, Manfred Meyer
- French Military Aviation, Paul A. Jackson
- Gunships, Wayne Mutza
- Ilyushin Il-28 Beagle, Yefim Gordon, Dmitriy Kommisarov
- Interavia – verschiedene Ausgaben
- International Air Power Review – verschiedene Ausgaben
- Jane's All The World's Aircraft – verschiedene Ausgaben
- Jetbomber, Bill Gunston
- Jets De Combat - Du Vampire Au Rafale, Alain Crosnair, Philippe Roman
- Lockheed P2V Neptune, Wayne Mutza
- Myasishchev M-4 and 3M, Yefim Gordon
- Naval Fighters – verschiedene Ausgaben
- OKB Tupolev A History Of The Design Bureau And Its Aircraft, Yefim Gordon, Vladimir Rigmant
- Russia's Air Launched Weapons, Piotr Butowski
- Russia's Warplanes Volume 2, Piotr Butowski
- Soviet Naval Aviation 1946-1991, Yefim Gordon, Dmitriy Kommisarov
- Soviet Strategic Aviation In The Cold War, Yefim Gordon
- Soviet Tactical Aviation, Yefim Gordon, Dmitriy Kommisarov
- Sowjetische Bombenflugzeuge, Wilfried Kopenhagen
- Squadron Signal – verschiedene Ausgaben
- The USAF 1947-1999, Martin W. Bowman
- United States Naval Aviation 1910-1996, Naval Historical Center
- US Air Force Special Operations Command, Rick Llinares, Andy Evans
- Vietnam Air Wars, René J. Francillion
- Warbird Series – verschiedene Ausgaben
- World Air Power Journal – verschiedene Ausgaben